『그리는 수학』은 연필을 올바르게 잡는 것부터 시작합니다.

연필을 엄지손가락과 집게손가락 사이에 끼우고 가운뎃손가락으로 연필을 받칩니다. 연필을 바르게 잡으면 손가락의 움직임으로만 연필을 사용할 수 있고 손날 부분이 종이에 닿아 손 전체를 지지해 줍니다.

연필을 바르게 잡는 방법

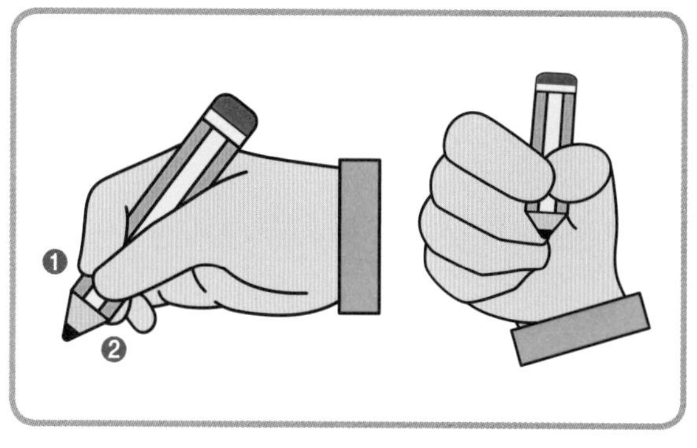

오른손으로 연필 잡기

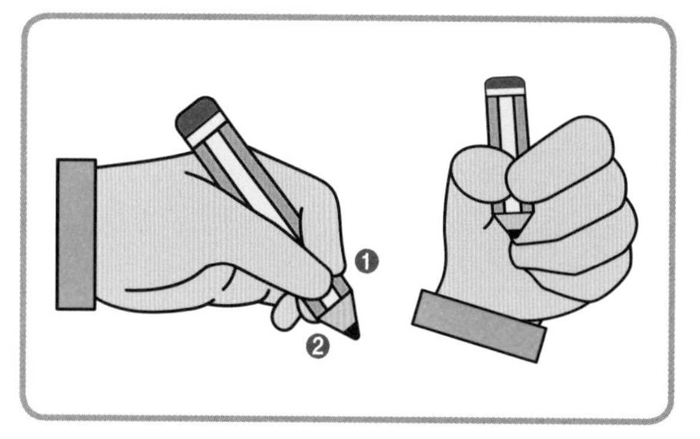

왼손으로 연필 잡기

❶ 엄지손가락과 집게손가락을 둥글게 하여 연필을 잡습니다.

❷ 가운뎃손가락으로 연필을 받칩니다.

선을 긋거나 글씨를 쓰는 속도와 가독성, 지속성을 향상시키려면 처음부터 연필을 바르게 잡는 것이 매우 중요합니다. 유아는 소근육의 발달 미흡, 경험 부족, 교정 부족 등 다양한 이유로 연필을 잘못 잡기도 합니다. 만 4세부터 만 6세 사이에 연필을 잘못 잡는 습관을 들이면 이후에 고치기가 어려우므로 연필 잡는 방법을 가능한 빨리 수정하는 노력이 필요합니다.
연필을 잘못 잡으면 손, 손목, 팔 근육이 피로할 뿐만 아니라 글을 쓰는 동안 시야가 가려져 학습 장애로 이어질 수 있습니다. 따라서 손 근육이 적절하게 발달된 유아는 처음부터 연필을 바르게 잡는 습관을 가져야 합니다.
연필을 처음 사용하는 유아는 펜슬 그립(Pencil Grip)을 사용하는 것이 도움이 되기도 합니다. 펜슬 그립을 사용하면 선을 긋는 미세한 조작과 제어 능력을 향상시키는 데 유용할 수 있습니다.

추천사

요즘 아이들은 수학 교재를 많이 경험해서 연산은 매우 잘합니다. 하지만 규칙, 공간, 도형 영역은 잘 이해하지 못하는 아이들이 제법 있습니다. 수학은 연산만으로 이루어진 학문이 아니기 때문에 이러한 부분도 중요합니다.

『그리는 수학』은 아이들이 수학 전반에 대한 흥미를 높이고, 창의력과 논리력을 향상시키는 데 도움을 줍니다. 또한 아이들이 스스로 문제를 해결하는 과정에서 수학에 대한 흥미와 재미를 느낄 수 있고, 자신감과 성취감을 얻을 수 있도록 구성되어 있습니다. A단계, B단계, C단계의 문제들은 아이들의 연령, 발달 단계와 수준에 맞게 구성되어 있습니다. 부모와 아이가 함께 교재를 활용하면 더욱 효과적인 학습이 이루어질 수 있습니다.

『그리는 수학』을 통해 아이들이 수학의 기초를 단단히 다지고 수학에 흥미와 재미를 느낄 수 있으면 좋겠습니다.

지효정 (사동초등학교 교사, 한 아이 엄마)

베타 테스트

저는 아이가 만 3세였을 때부터 아이와 함께 다양한 연산 문제집을 풀어 왔습니다. 하지만『그리는 수학』의 문제를 보면서 유아 수학에도 연산은 물론이고, 도형, 수, 규칙과 공간 등 다양한 커리큘럼이 필요하다는 것을 알게 되었습니다.

아이와 함께『그리는 수학』의 '규칙과 공간' 문제를 푼 후 놀이터를 방문했는데, 아이가 시소와 그네를 보고 규칙을 이야기하는 걸 보고 놀랐습니다. 이 일로『그리는 수학』이 유아 수학을 공부하는 데 매우 유용하다는 것을 느끼게 되었습니다. 이제는 아이와 함께『그리는 수학』을 통해 수학의 다양한 개념을 배우고, 이를 일상생활에서도 적용해 보려고 합니다.

임지연 (만 4세 자녀를 둔 부모)

유아 수학에서 '수학적 그리기'는 중요한 활동이자 문제를 해결하는 과정입니다.

유아 수학은 자연스러운 체험과 능동적인 경험을 통해 수학적 원리와 개념을 하나씩 하나씩 정립하는 것이 중요합니다.

처음 수학을 시작하는 유아들에게 수학적 그리기를 효과적으로 활용하면 자연스럽게 모양과 공간을 추론하고, 수(數)와 양(量)을 정확하게 표현하며, 규칙을 찾고 문제를 해결하는 데 도움이 됩니다. 나아가 질문의 이해도를 높이며 문제 해결을 위한 다양한 전략을 활용하는 능력을 향상시킵니다.

『그리는 수학』에서는 수학적 그리기를 체계적으로 활용하여

1) 도형의 개념을 자연스럽게 이해하고

2) 수(數)와 양(量)의 개념을 정확하게 그림으로 표현하고

3) 다양한 규칙을 찾고 응용하며

4) 문제 해결 방향에 알맞게 과정을 잘 그리는 것까지 효과적으로 학습합니다.

수학적 그리기 효과!

모양과 공간 추론하기 / 수(數), 양(量) 표현하기 / 규칙 찾기, 문제 해결 / 질문 이해, 전략 활용

스스로 몸으로 익히고 배우는 유아 수학 책 『그리는 수학』

초등 수학과 유아 수학의 학습 방법은 달라야 합니다.

일반적으로 초등 수학은 수학적 개념을 배우고 개념과 관련된 기초 문제를 풀고 응용 문제를 해결하는 순서로 학습합니다. 하지만 수학을 처음 시작하는 유아에게는 개념을 배우는 과정에 앞서 자연스러운 관찰과 반복되는 활동을 통해 개념을 인지하는 기초 과정이 필요합니다.

자전거를 타는 방법을 배웠다고 해서 실제로도 잘 탄다고 할 수는 없습니다. 직접 자전거를 타는 경험을 통해 몸으로 그 감각을 익히듯이 『그리는 수학』은 유아 스스로 관찰하고 선을 긋고 색을 칠하고 문제를 해결하는 경험을 통해 개념과 원리를 자연스럽게 익히고 배우게 하는 체계적이고 과학적인 유아 수학 책입니다.

유아 수학은 학습 방법이 다르다!

정확한 개념과 원리, 꽉 찬 커리큘럼의 제대로 된 유아 수학 책『그리는 수학』

수학을 처음 시작하는 유아에게 가장 중요한 것은 정확한 수학 개념을 바르게 알려 주는 것입니다.

유아에게 수학에 대한 즐거운 경험과 재미를 주는 것은 중요합니다. 하지만 그보다 더욱 중요한 것은 정확한 개념을 바르게 학습할 수 있도록 안내해 주는 것입니다.『그리는 수학』은 최신 개정된 수학 교과과정을 치밀하게 분석하고 정확하게 해석하여 재미있는 경험은 물론 정확한 개념과 원리를 학습할 수 있도록 개발되었습니다.

대부분의 유아 수학은 '수와 연산' 영역으로 편중되어 있는 것이 현실입니다. 한 영역으로 편중된 학습은 무의미한 반복을 만들기도 하고, 수학 내 타 영역과의 학습 격차를 형성하기도 합니다.『그리는 수학』에서는 1) 도형으로 시작하여 2) 수를 배우고 3) 규칙과 공간으로 추론 능력을 기르고 4) 연산을 통해 수의 활용을 배웁니다. 부족함 없이 꽉 찬 체계적인 커리큘럼이 수학을 시작하는 유아의 커다란 자양분이 될 것입니다.

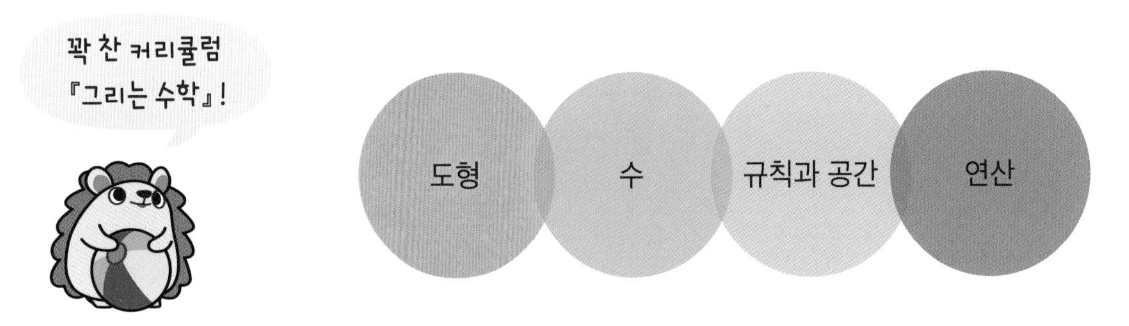

연필 잡는 훈련부터 '완북' 할 수 있는 유아 수학 책『그리는 수학』

연필을 바르게 잡고 선을 그어 보는 활동으로 시작해서 '완북'으로 마무리합니다.

어려운 수학 문제를 풀기보다는 스스로 관찰하고 직접 그려 보고 색을 칠하는 활동을 통해 정확한 개념을 인지하는 것에 중점을 두었습니다.

유아 수학은 유아에게 수학에 대한 좋은 기억을 심어 주고 스스로 문제를 해결하는 과정에서 성취감과 자신감을 갖게 해 주어야 합니다.

『그리는 수학』은 한 문제 한 문제, 한 권 한 권을 끝냈을 때 쌓이는 성취감이 수학에 대한 자신감으로 이어질 수 있도록 개발되었습니다.

연필을 바르게 잡고,
완북으로 마무리!

그리는 수학과 선 긋기

삐뚤빼뚤 선을 그어도 괜찮습니다. 점선을 따라 정확하게 긋지 않아도 괜찮습니다. 경험과 연습이 쌓이면 자연스럽게 미세 근육이 발달하고 도형을 그리거나 숫자를 쓰는 정확성이 향상됩니다.

곧은 선, 굽은 선 긋기부터 시작하여 기본 도형 그리기, 숫자 쓰기로 이어지기까지 모양과 숫자를 인지하는 가장 좋은 방법은 관찰하고 직접 그려 보는 것입니다. 유아 수학에서는 점선을 따라 그리기에서 관찰하여 똑같이 그리기, 인지하고 있는 모양을 기억하여 그리기 등 다양한 그리기 활동을 합니다.

『그리는 수학』의 전체 구성과 단계 선택 도움말

도형
수
규칙과 공간
연산
A단계
(만 3~4세)
기본 모양 알기
5까지의 수
모양, 색깔, 크기
여러 가지 세기
B단계
(만 4~5세)
전체와 부분
9까지의 수
규칙과 방향
9까지의 덧셈과 뺄셈
C단계
(만 5~6세)
모양의 특징
20까지의 수
시계와 규칙
10이 넘는 덧셈과 뺄셈

단계 선택 도움말

- 추천 연령보다 한 단계 아래에서 시작하여 현재 단계를 넘어서는 것을 목표로 합니다.
- '도형 - 수 - 규칙과 공간 - 연산' 순서대로 차근차근 학습합니다.
- 아이가 권장 학습량을 잘 따라와 준다면 다음 단계로 넘어가도 좋습니다.
- 커리큘럼이 갖춰진 수학 학습을 처음 시작하는 아이라면 'A단계 도형'부터 시작합니다.

『그리는 수학』 B단계 구성

도형 | 수 | 규칙과 공간 | 연산

1단원: □, △, ○

2단원: 입체도형(상자, 원기둥, 공 모양)

3단원: 전체와 부분

1단원: 9까지의 수

2단원: 개수 세기

3단원: 큰 수, 작은 수

1단원: 속성 찾기

2단원: 규칙 찾기

3단원: 앞, 뒤, 옆

1단원: 1 큰 수, 1 작은 수

2단원: 더하기

3단원: 빼기

『그리는 수학』 B단계 연산

구성과 차례

『그리는 수학』은 3개의 단원으로 구성되어 있고 단원별로 4개의 STEP이 있습니다.
STEP 1부터 STEP 4까지 각 단원에서 배우는 개념과 내용을 다양한 방법을 활용하여 그리고 색칠하면서 학습하고 배운 내용을 확인합니다.

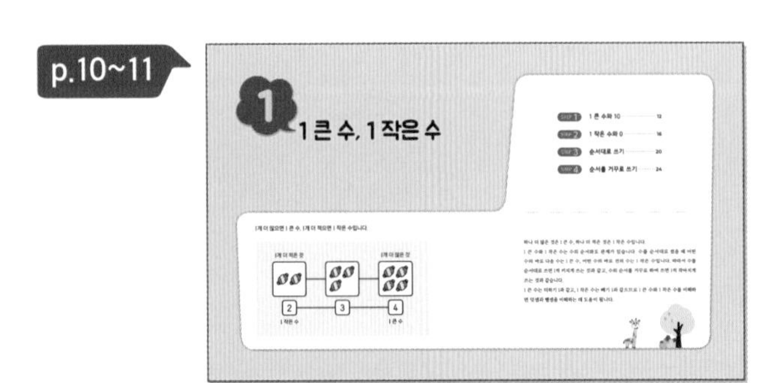

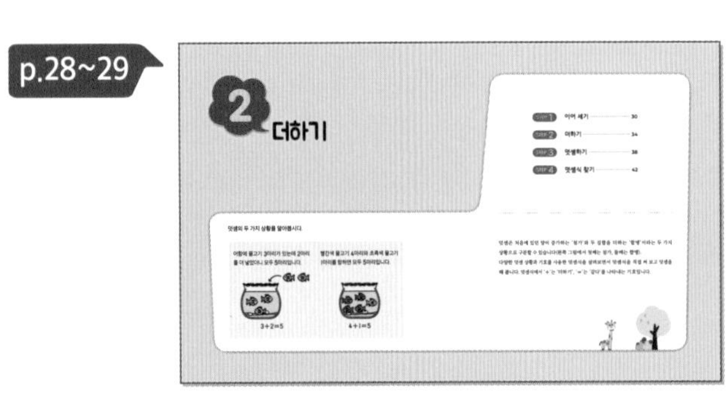

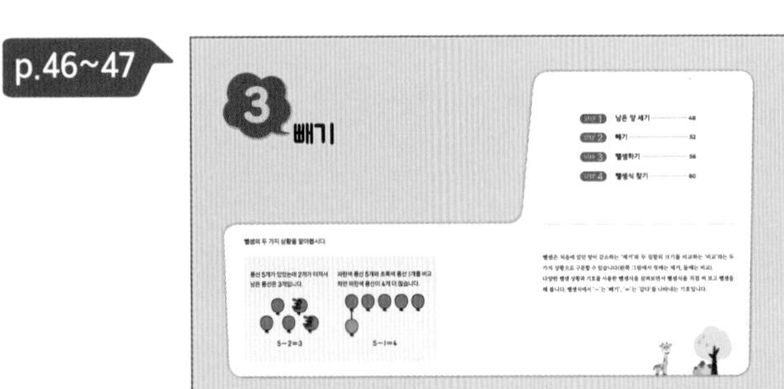

세 단원을 잘 마무리하면 다양한 그림을 그리면서 아이의 상상력과 집중력, 창의력을 길러 주는 DRAW MATH를 만나게 됩니다.

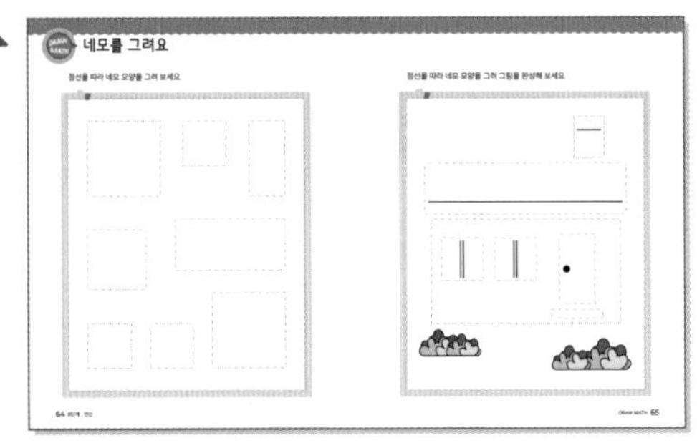

『그리는 수학』 이렇게 학습하세요. **효과 200% UP**

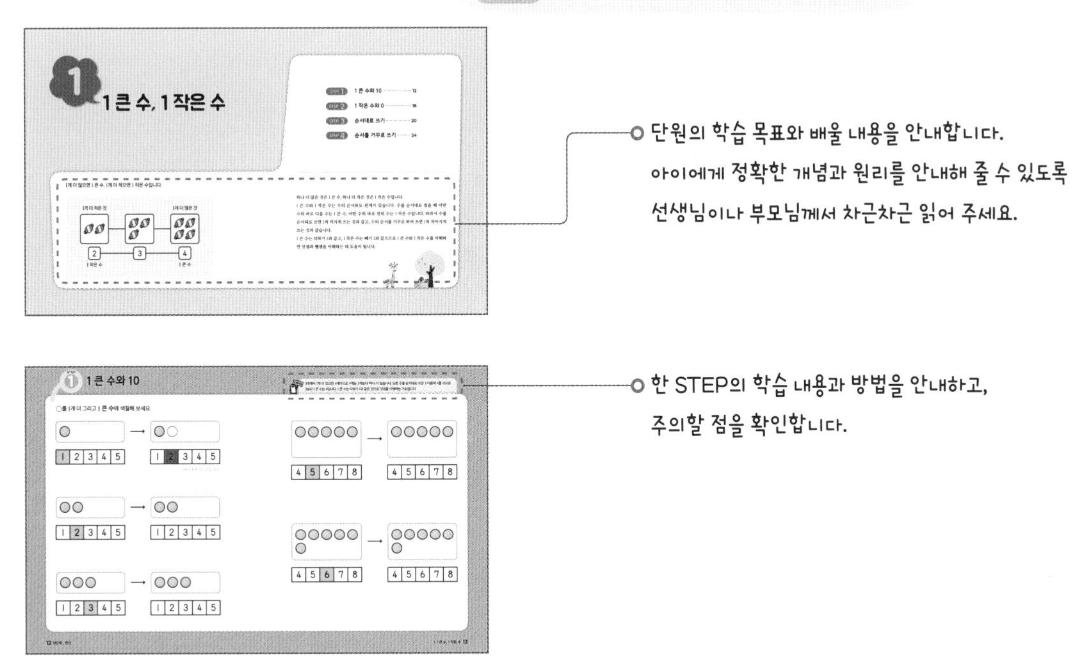

1 큰 수, 1 작은 수
단원의 학습 목표와 배울 내용을 안내합니다.
아이에게 정확한 개념과 원리를 안내해 줄 수 있도록
선생님이나 부모님께서 차근차근 읽어 주세요.
1 큰 수와 10
한 STEP의 학습 내용과 방법을 안내하고,
주의할 점을 확인합니다.

『그리는 수학』의 1일 학습 권장량은 4쪽, 즉 하나의 STEP입니다.
일주일에 2번, 2개의 STEP을 학습하여 2주 동안 한 단원을 학습하는 것을 목표로 해 주세요.

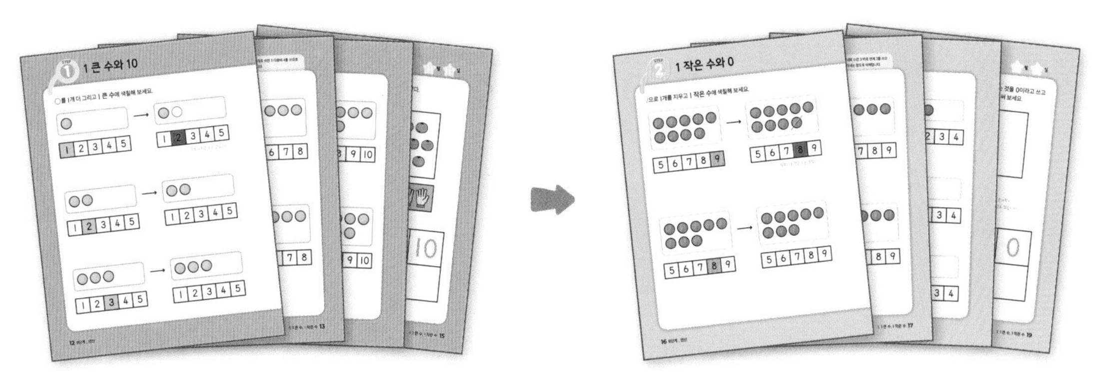

일주일 학습량: 2개의 STEP (8쪽)

한 권은 6주, 한 단계(4권)는 6개월 동안 학습할 수 있습니다.
아이가 잘 따라와 준다면 다음 단계로 넘어가도 좋습니다.

1
1 큰 수, 1 작은 수

1개 더 많으면 1 큰 수, 1개 더 적으면 1 작은 수입니다.

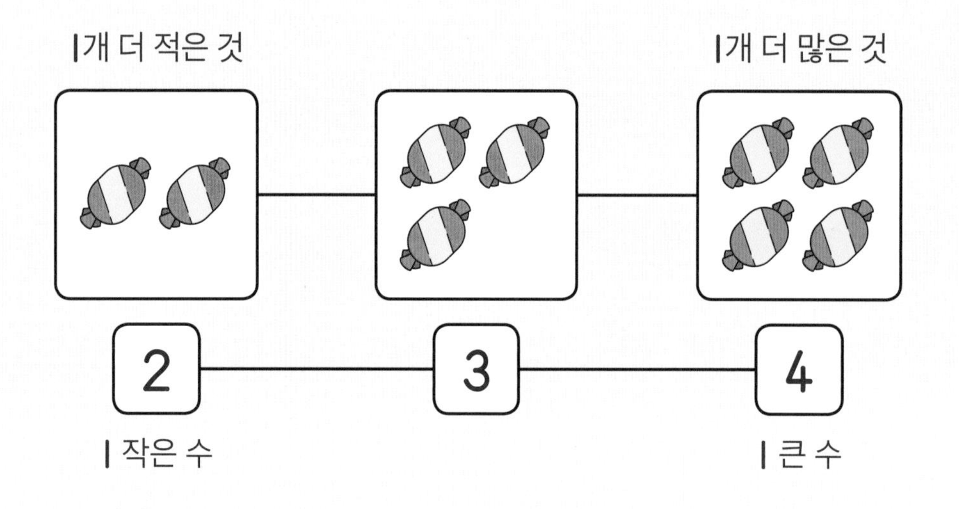

하나 더 많은 것은 1 큰 수, 하나 더 적은 것은 1 작은 수입니다.
1 큰 수와 1 작은 수는 수의 순서와도 관계가 있습니다. 수를 순서대로 썼을 때 어떤 수의 바로 다음 수는 1 큰 수, 어떤 수의 바로 전의 수는 1 작은 수입니다. 따라서 수를 순서대로 쓰면 1씩 커지게 쓰는 것과 같고, 수의 순서를 거꾸로 하여 쓰면 1씩 작아지게 쓰는 것과 같습니다.
1 큰 수는 더하기 1과 같고, 1 작은 수는 빼기 1과 같으므로 1 큰 수와 1 작은 수를 이해하면 덧셈과 뺄셈을 이해하는 데 도움이 됩니다.

STEP 1

1 큰 수와 10

○를 1개 더 그리고 **1 큰 수**에 색칠해 보세요.

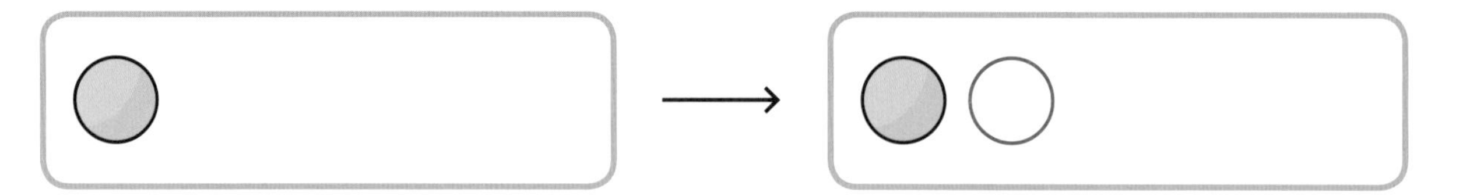

1	2	3	4	5

1	2	3	4	5

1보다 1 큰 수는 2입니다.

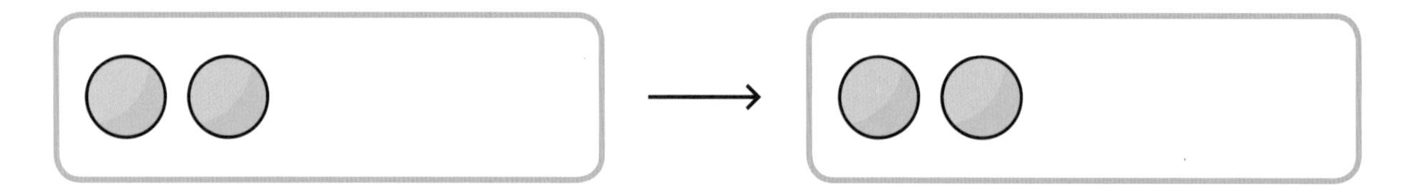

1	2	3	4	5

1	2	3	4	5

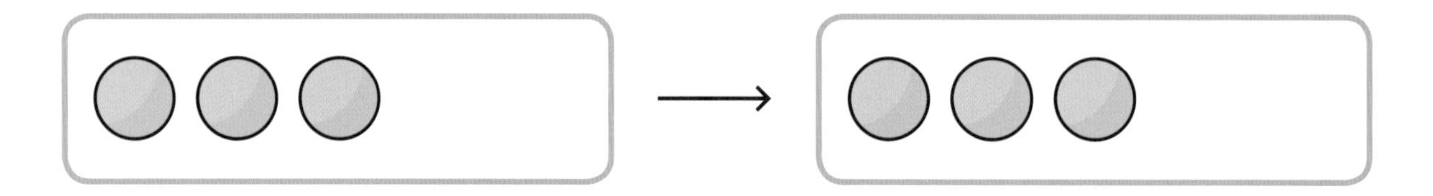

1	2	3	4	5

1	2	3	4	5

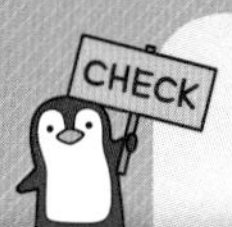

3개에서 1개 더 있으면 4개이므로 3개보다 1개 더 많으면 4개입니다. 또한 수를 순서대로 쓰면 3 다음에 4를 쓰므로 3보다 1 큰 수는 4입니다. 1 큰 수는 더하기 1과 같은 것으로 덧셈을 이해하는 기초입니다.

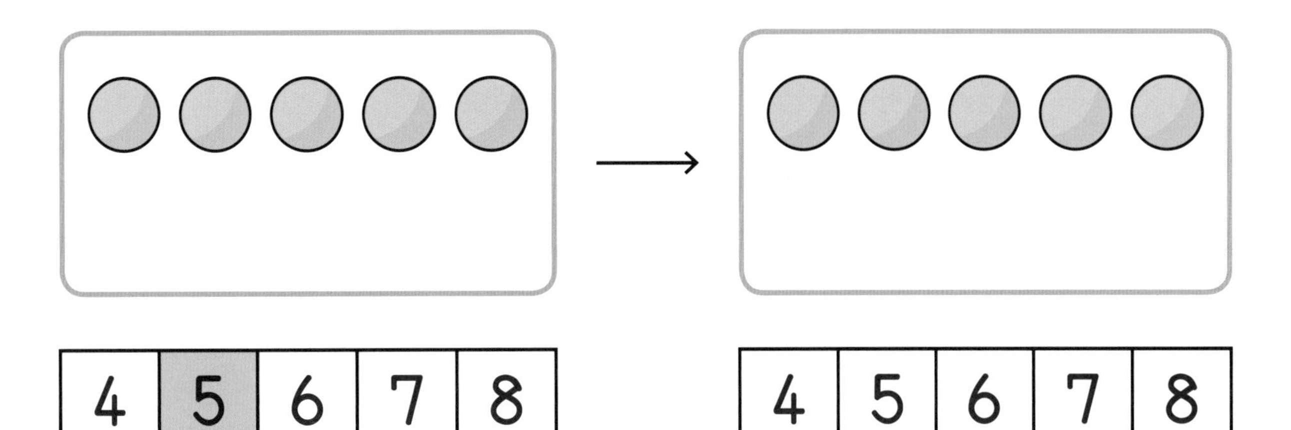

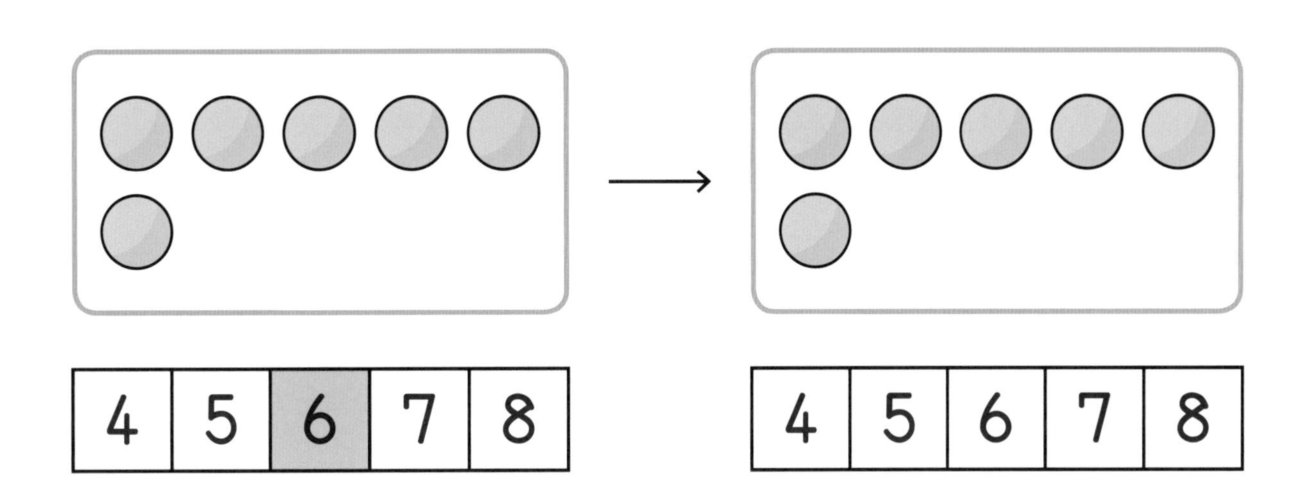

STEP 1

◯를 1개 더 그리고 1 **큰 수**에 색칠해 보세요.

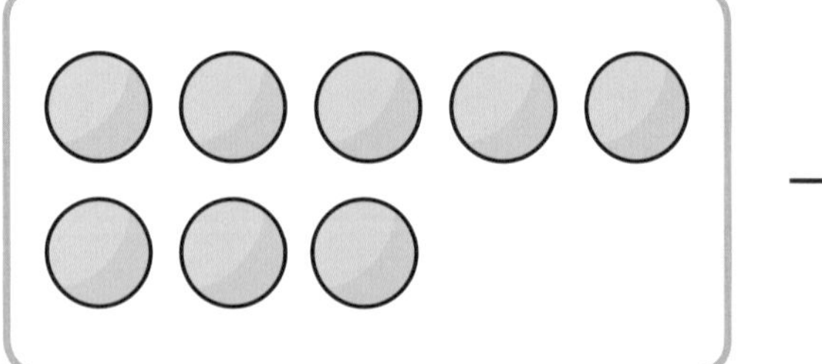

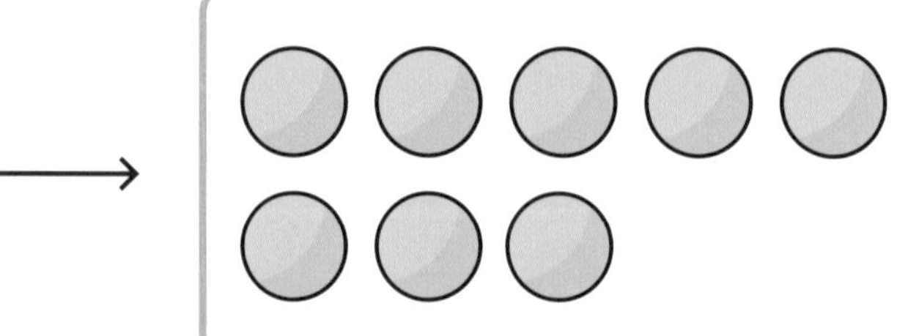

6	7	8	9	10

6	7	8	9	10

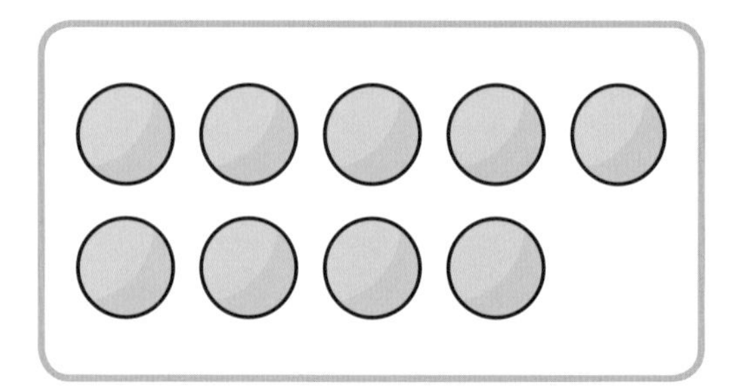

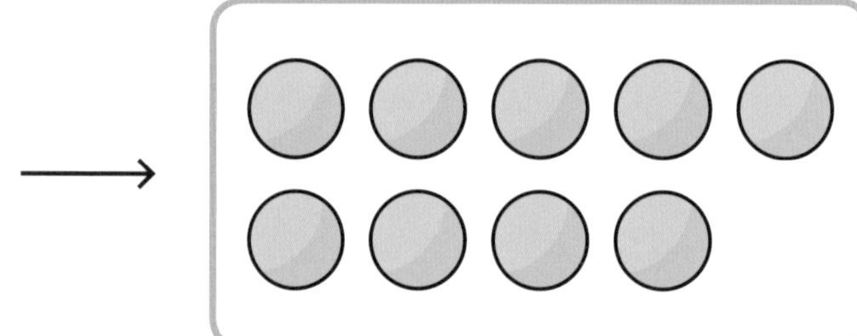

6	7	8	9	10

6	7	8	9	10

9보다 1 큰 수를 10이라고 쓰고 **열** 또는 **십**이라고 읽습니다.
손가락으로 10을 따라 그어 보고, 10을 써 보세요.

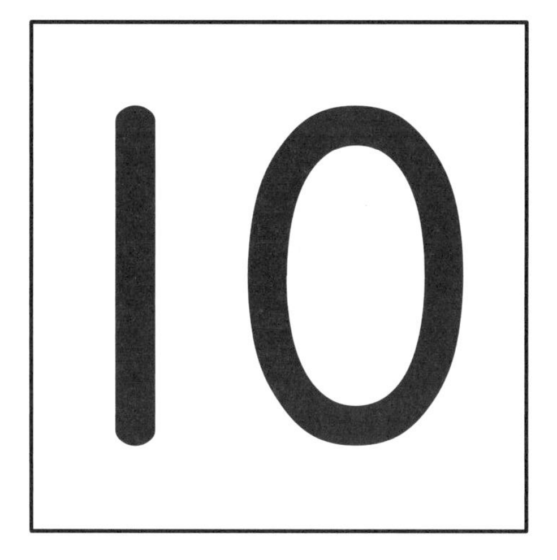

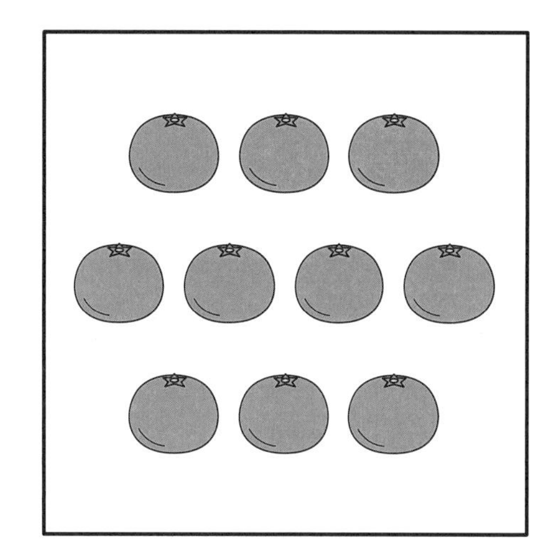

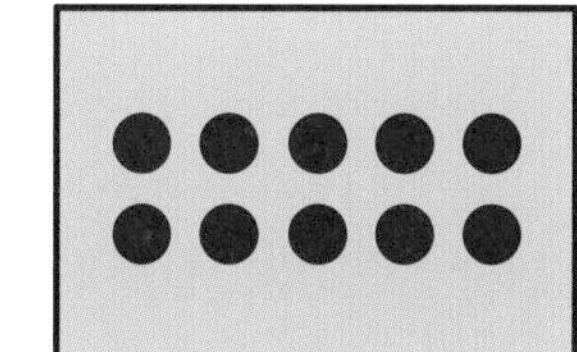

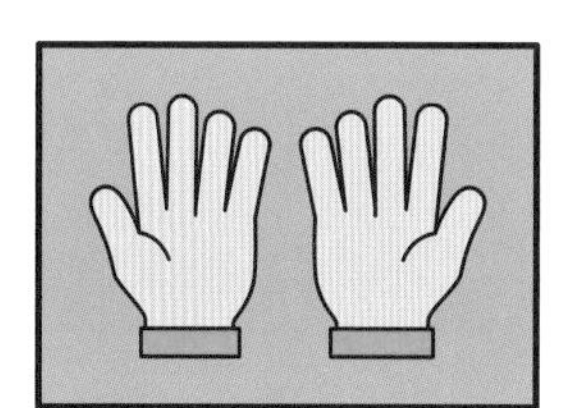

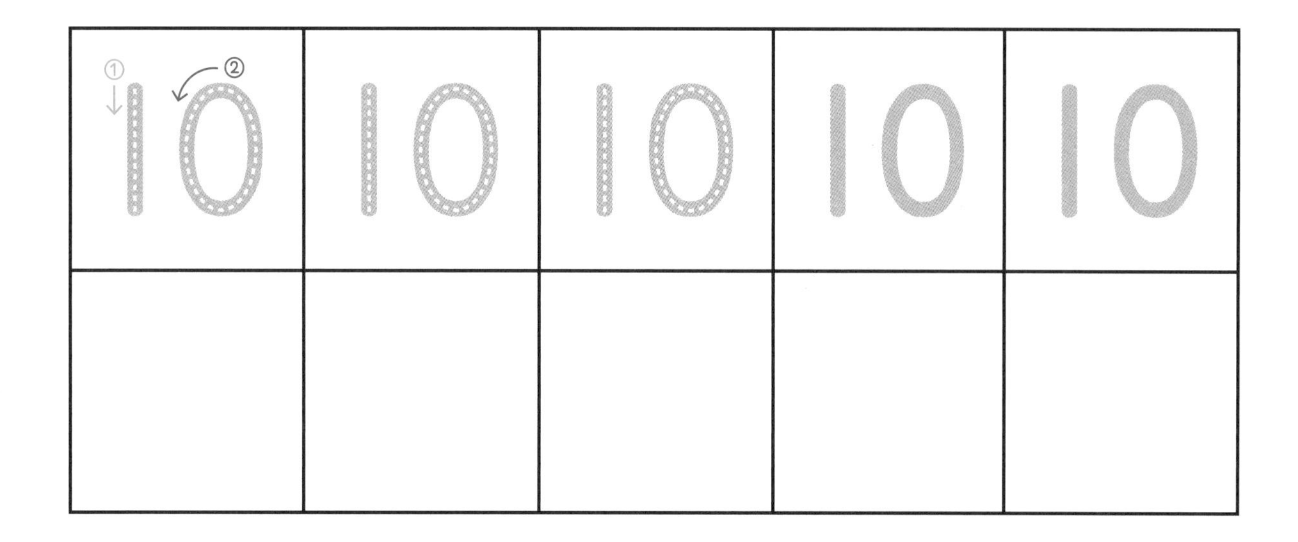

STEP 2

1 작은 수와 0

/으로 1개를 지우고 **1 작은 수**에 색칠해 보세요.

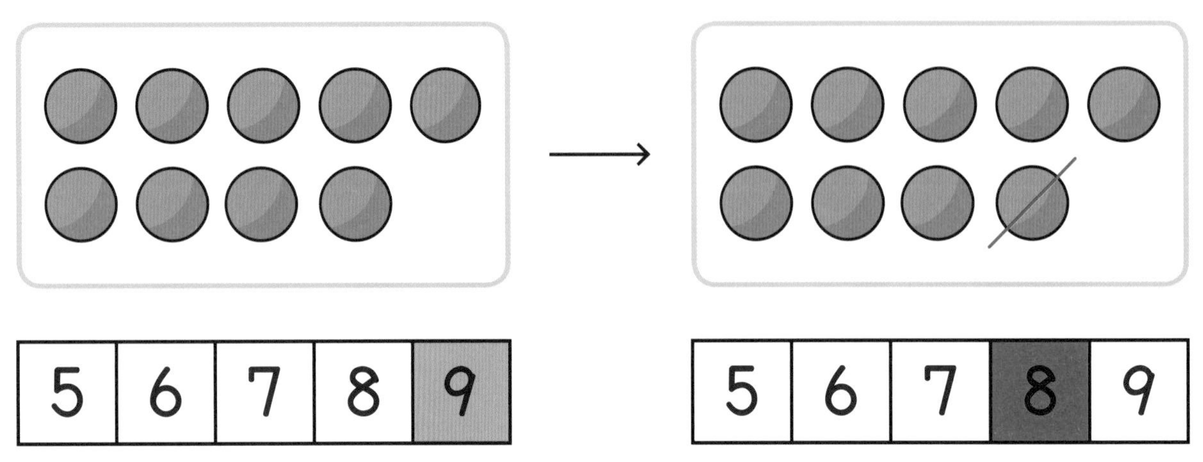

9보다 1 작은 수는 8입니다.

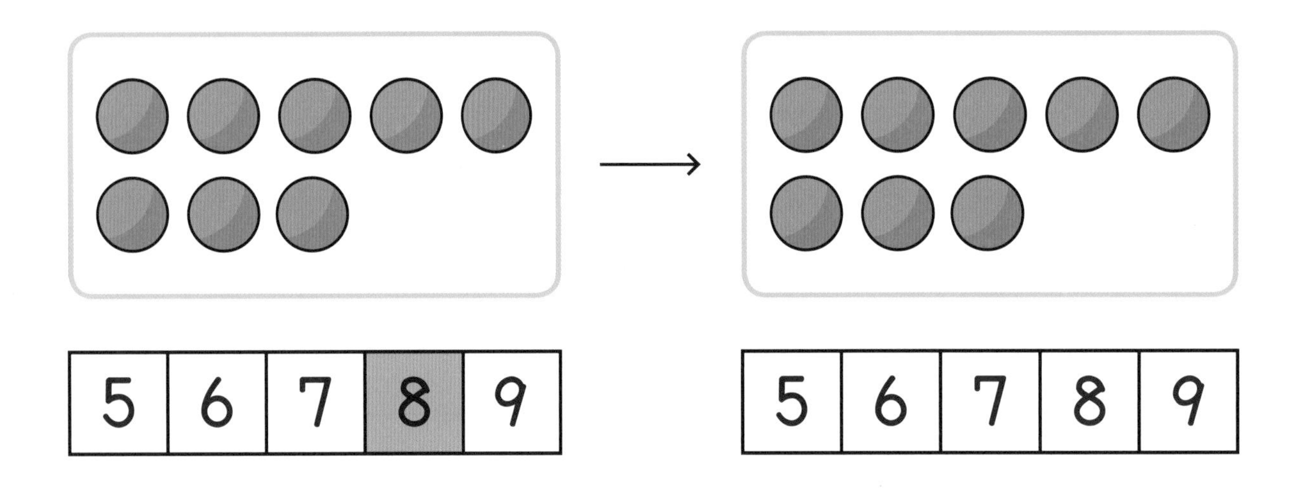

3개에서 1개를 덜어내면 2개이므로 3개보다 1개 더 적으면 2개입니다. 또한 수를 순서대로 쓰면 3 바로 전에 2를 쓰므로 3보다 1 작은 수는 2입니다. 0은 수로 이해하기 어려우므로 아무것도 없는 것을 나타내는 정도로 이해합니다.

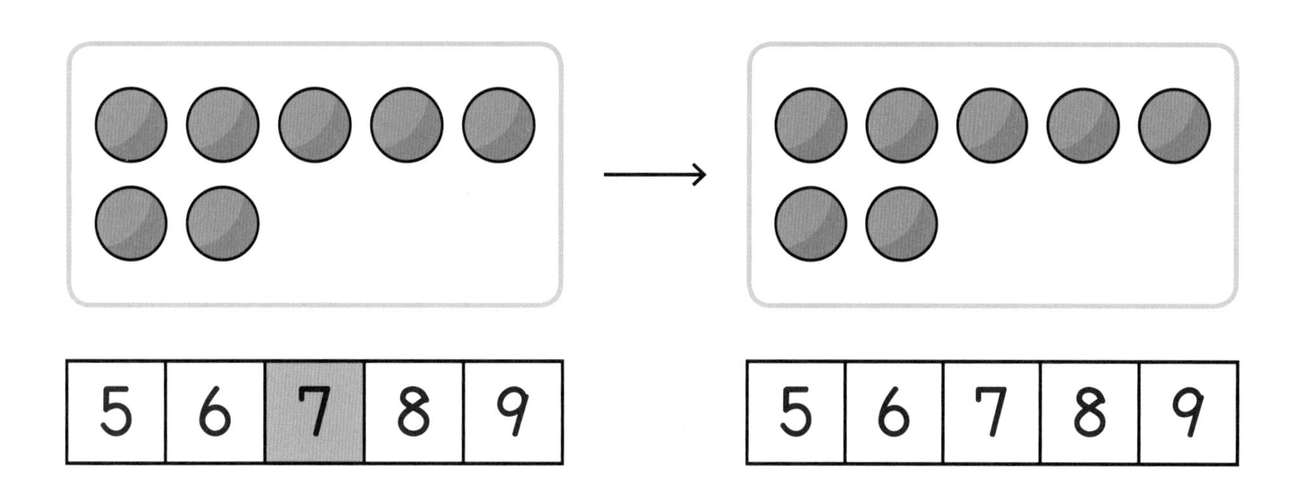

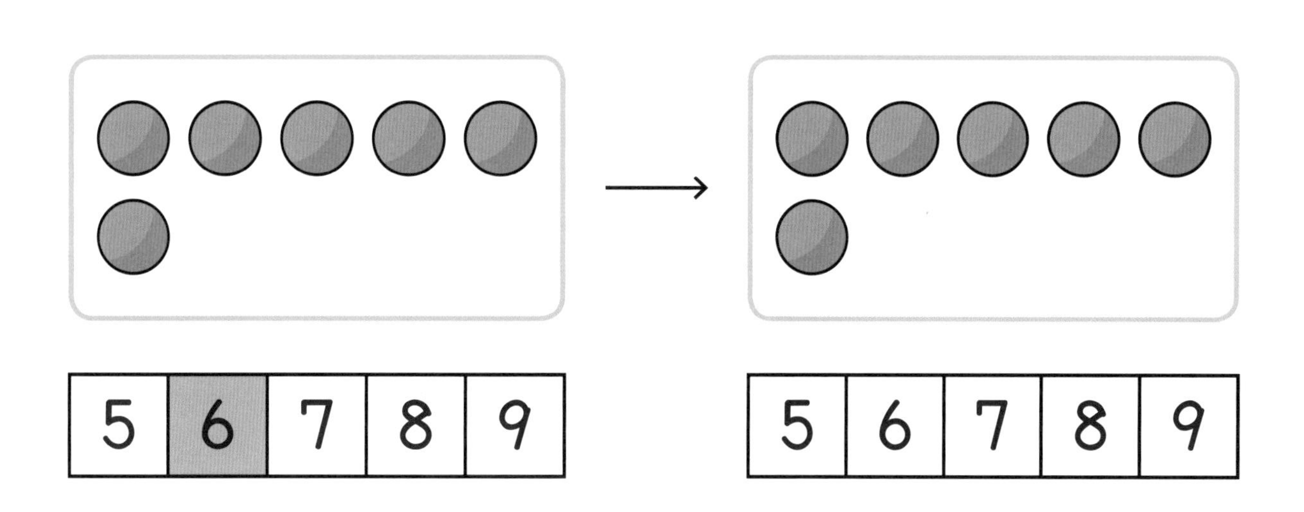

STEP 2

/으로 I개를 지우고 I **작은 수**에 색칠해 보세요.

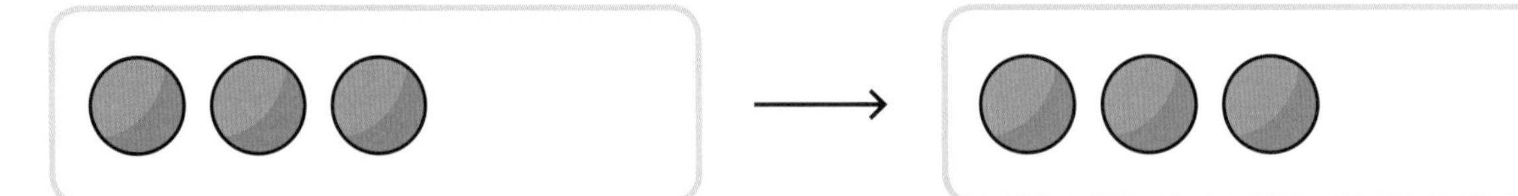

0	1	2	3	4

0	1	2	3	4

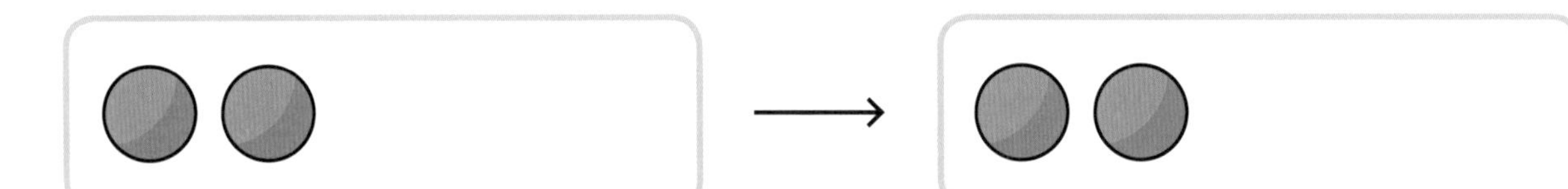

0	1	2	3	4

0	1	2	3	4

0	1	2	3	4

0	1	2	3	4

월 일

1개에서 1개를 지우면 남은 것이 없습니다. 아무것도 없는 것을 0이라고 쓰고 **영**이라고 읽습니다. 손가락으로 0을 따라 그어 보고, 0을 써 보세요.

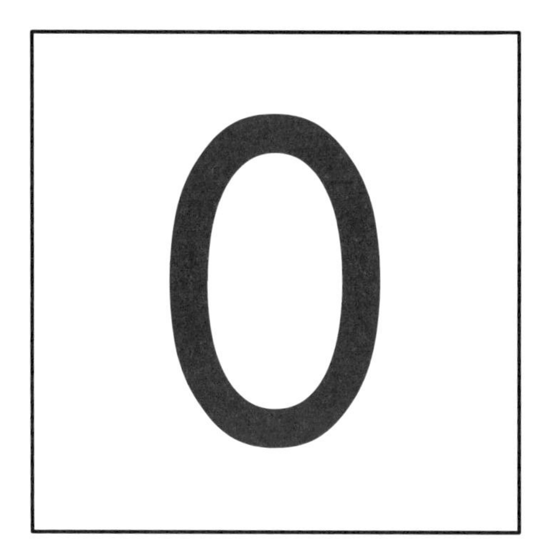

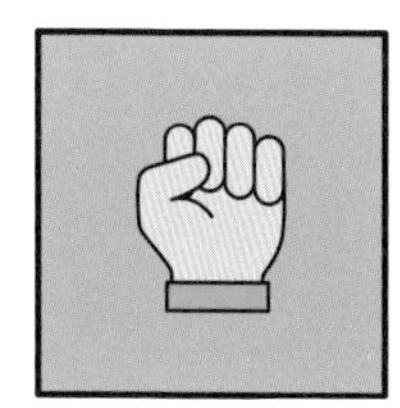

펼친 손가락이 아무것도 없습니다.

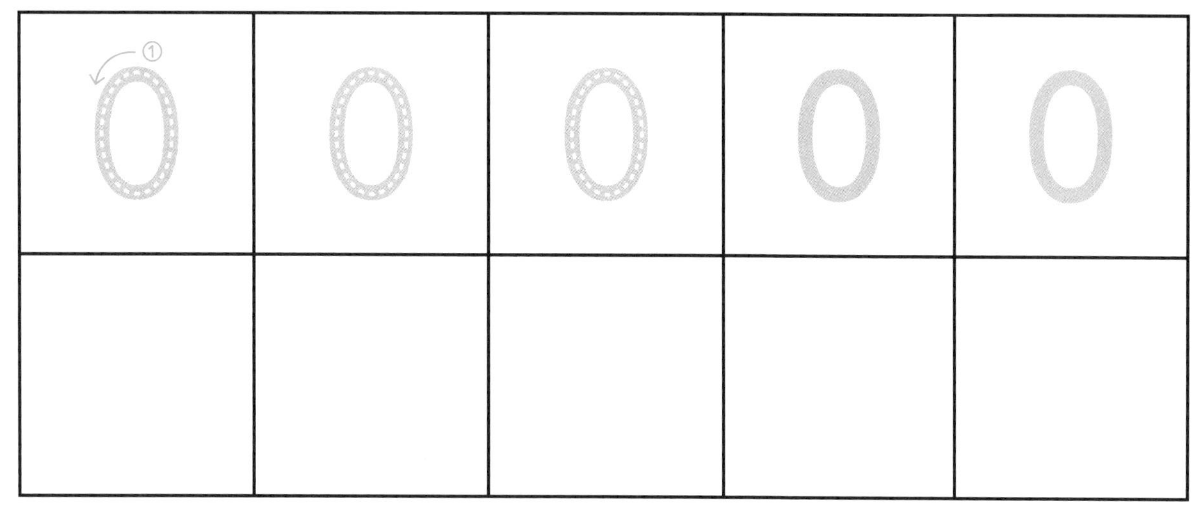

10은 1과 0을 붙여서 쓴 수입니다.

순서대로 쓰기

달걀을 1개 더 놓은 그림에 ◯표 하세요.

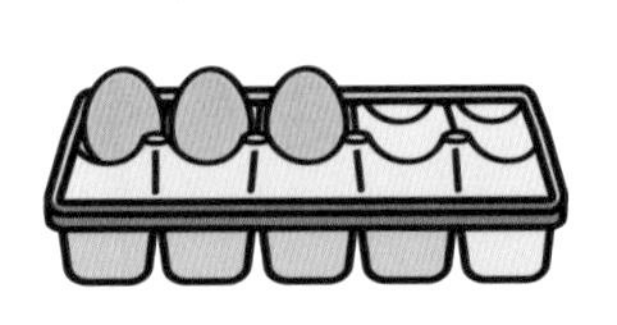 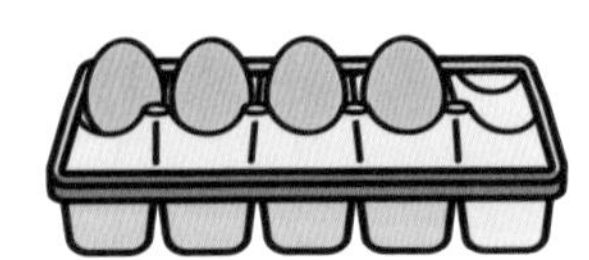 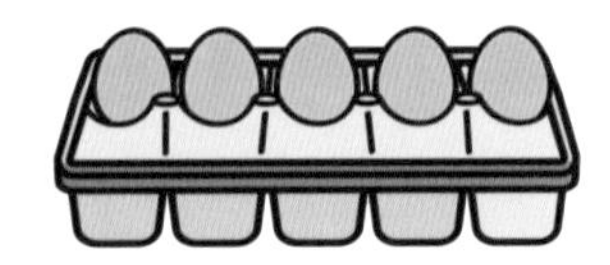

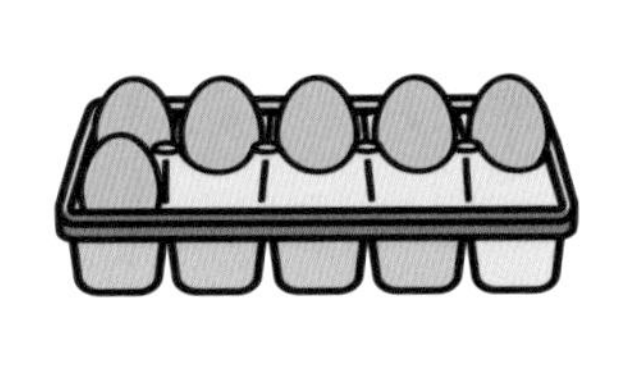 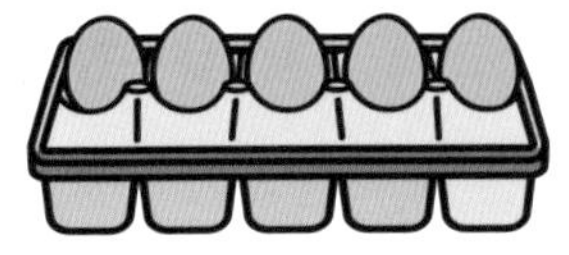 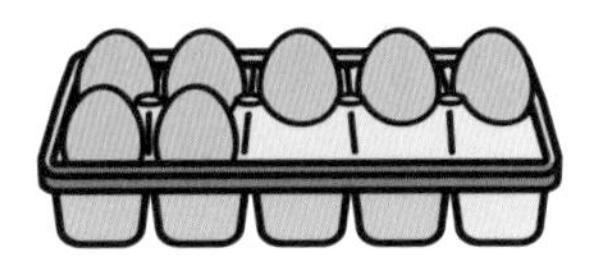

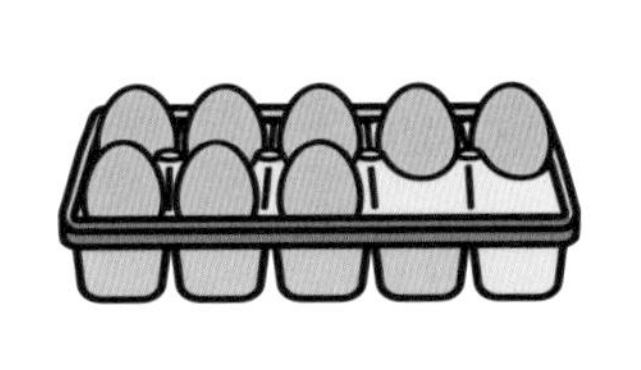 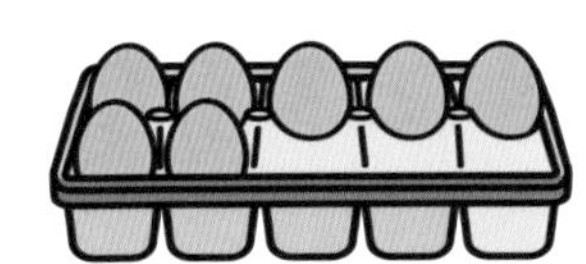 

수를 순서대로 써 보면서 1 큰 수와 2 큰 수를 알아봅니다. 수를 순서대로 썼을 때 어떤 수의 바로 다음에 쓰는 수는 1 큰 수, 1 큰 수의 다음에 쓰는 수는 2 큰 수입니다.

수의 순서를 생각하면서 빈칸에 **1 큰 수**를 써 보세요.

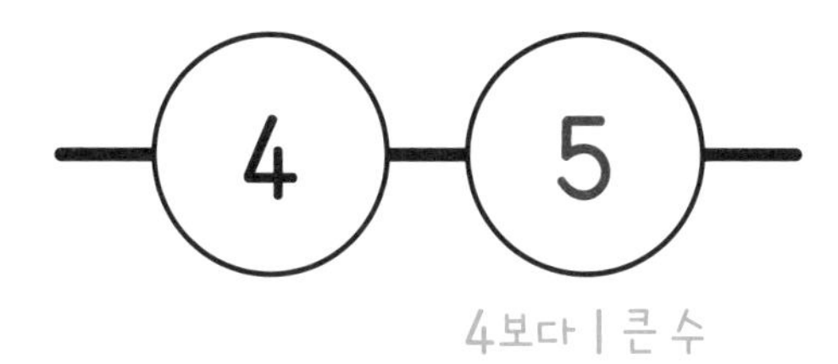

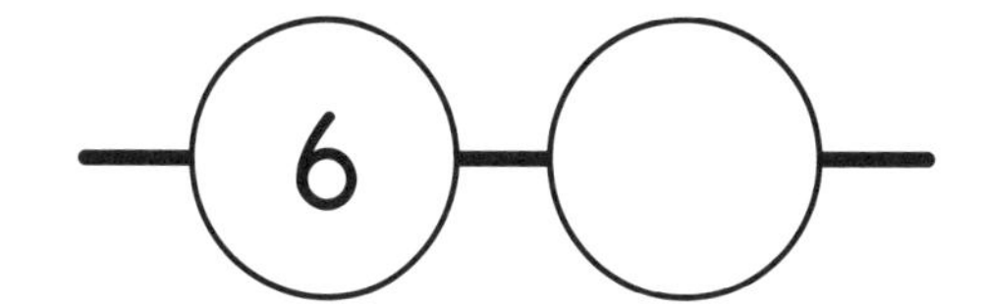

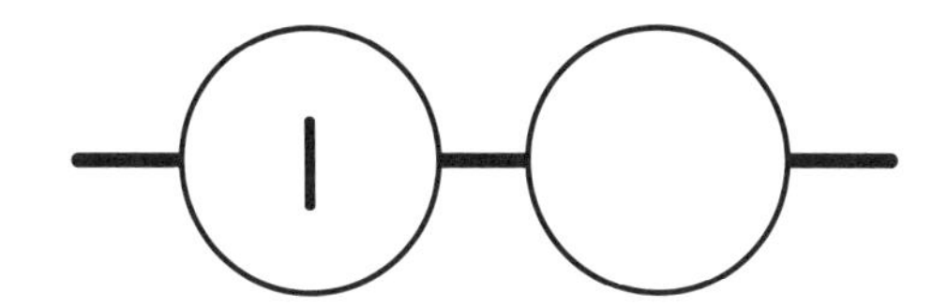

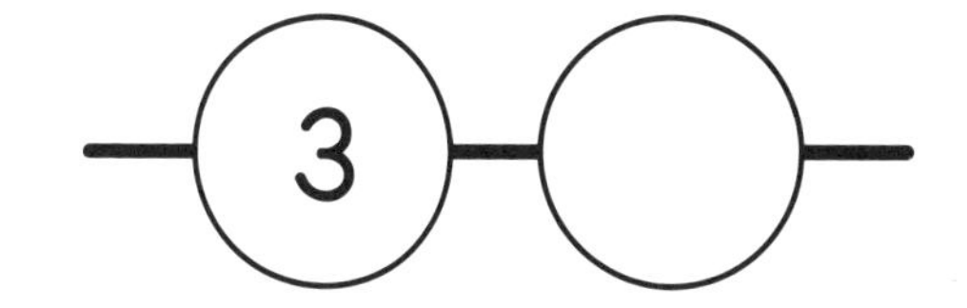

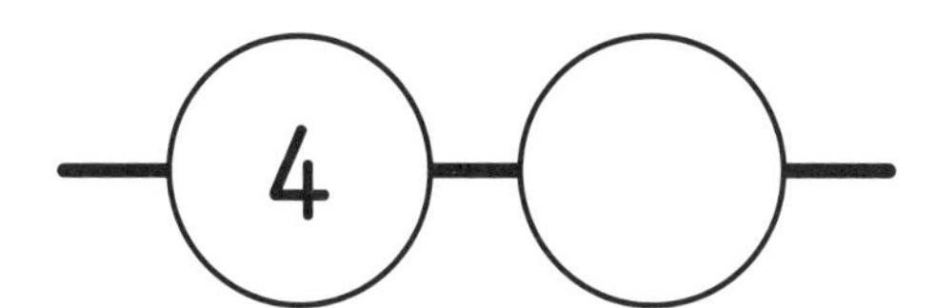

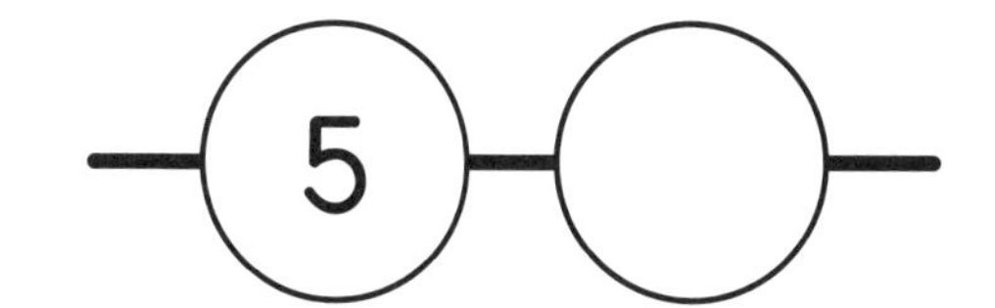

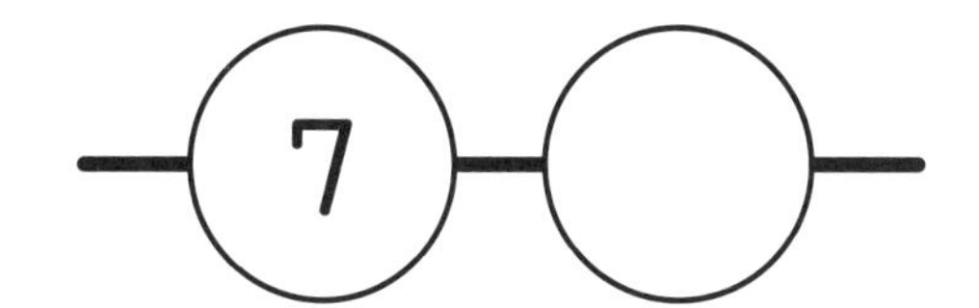

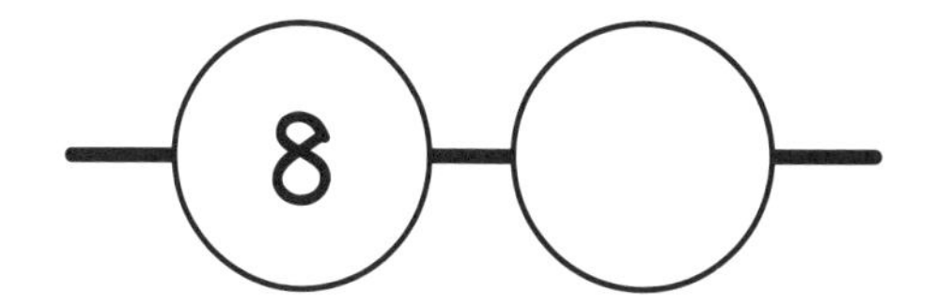

STEP 3

수의 순서를 생각하면서 빈칸에 **1씩 커지는 수**를 써 보세요.

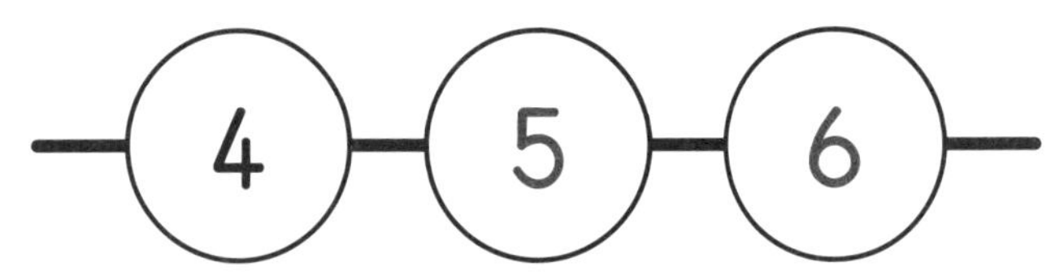

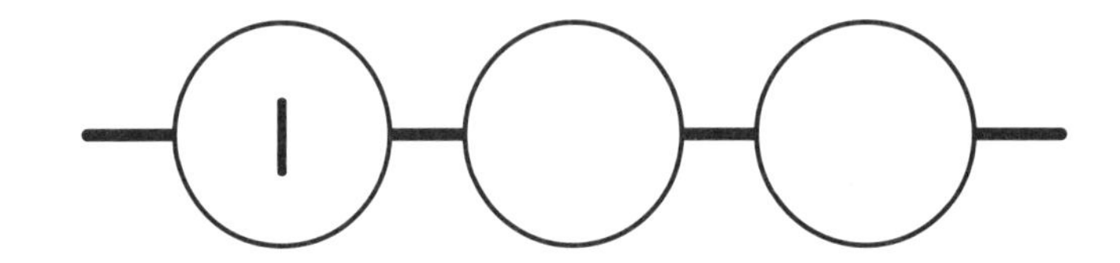

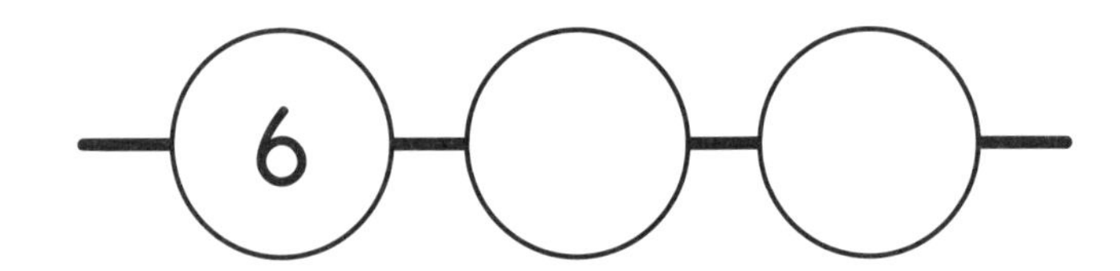

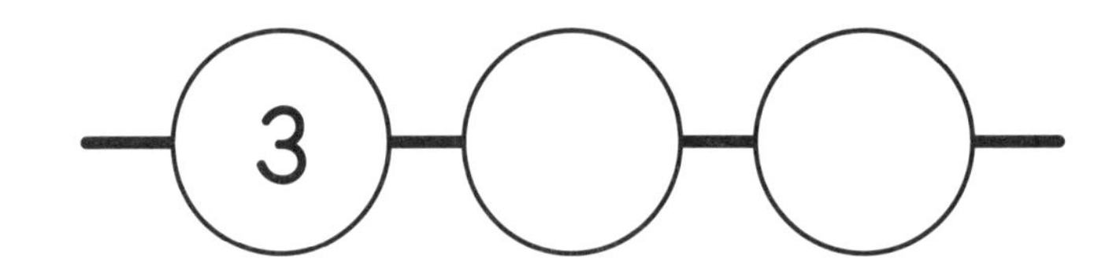

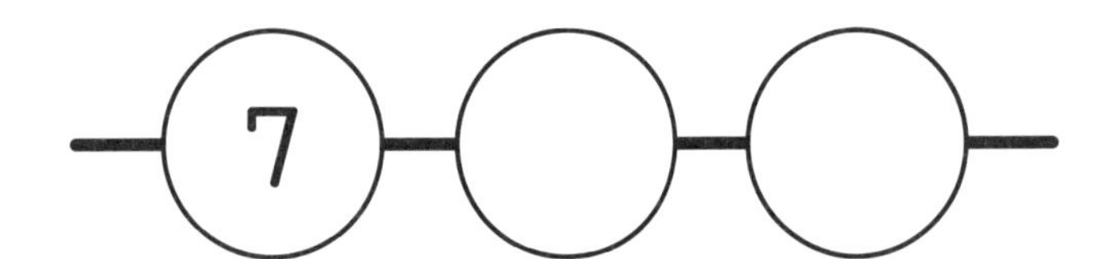

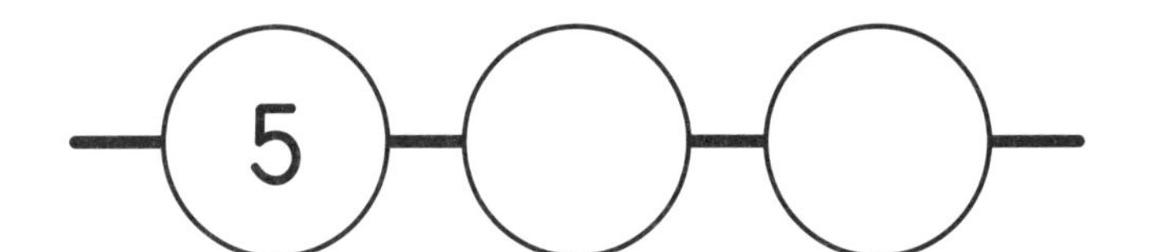

2 큰 수를 써 보세요.

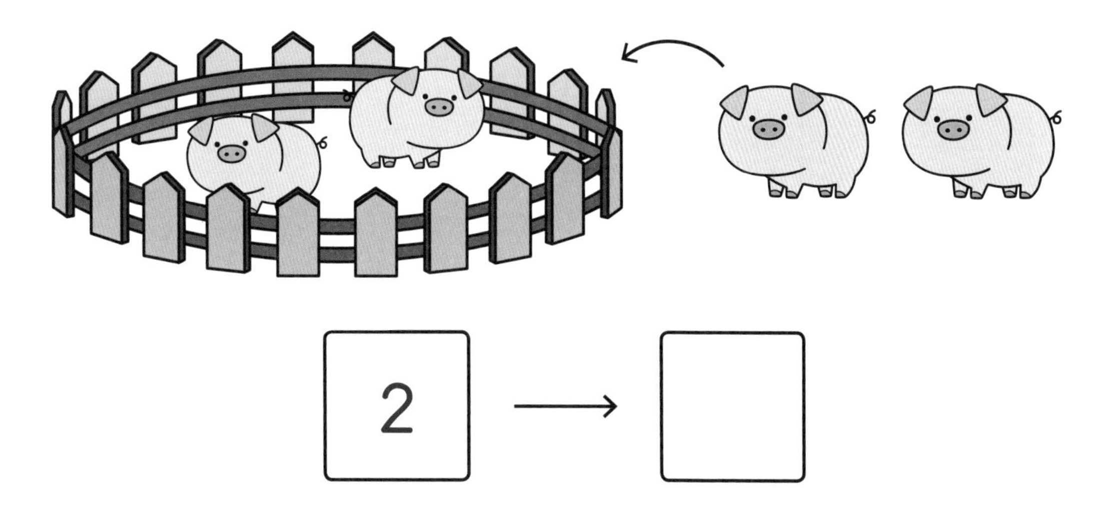

2 → ☐

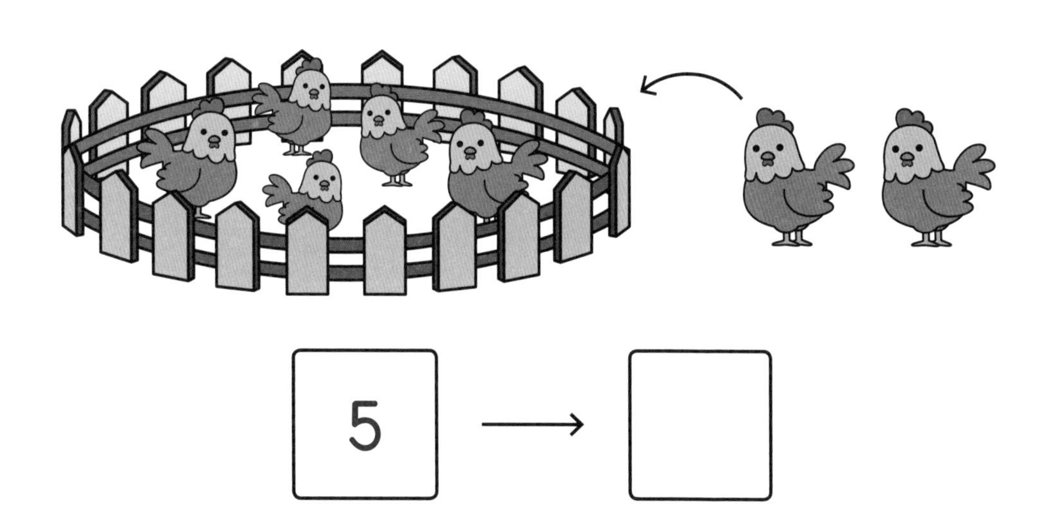

5 → ☐

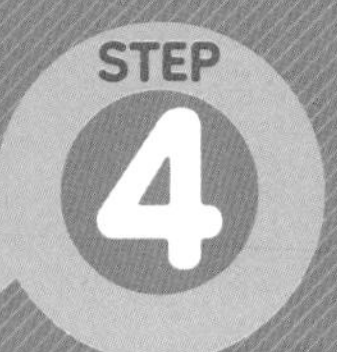

순서를 거꾸로 쓰기

봉지에서 감자 1개를 뺀 그림에 ◯표 하세요.

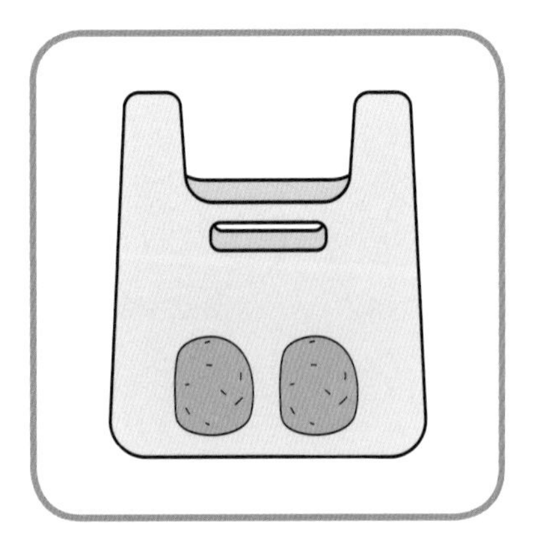

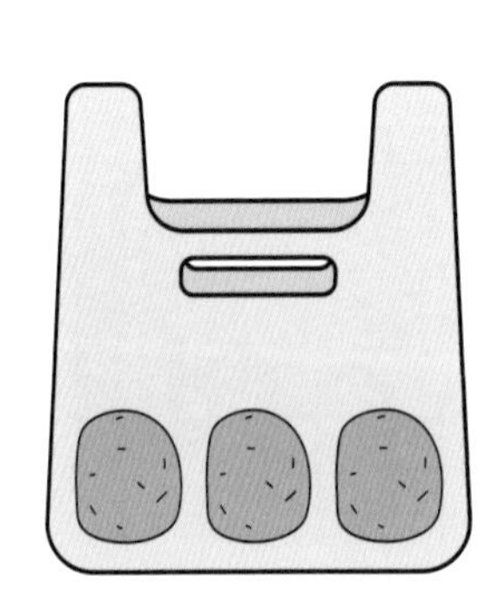

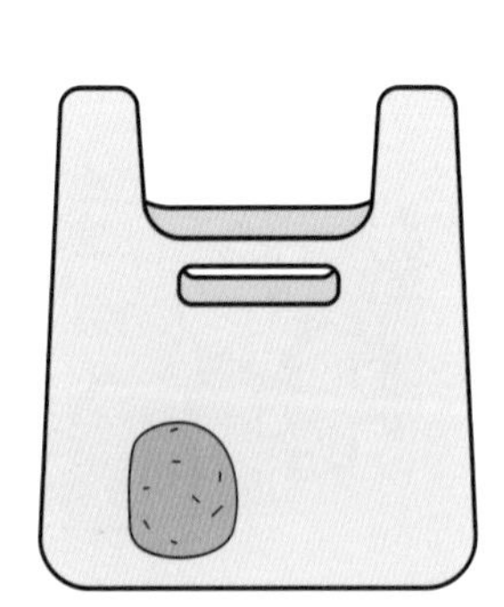

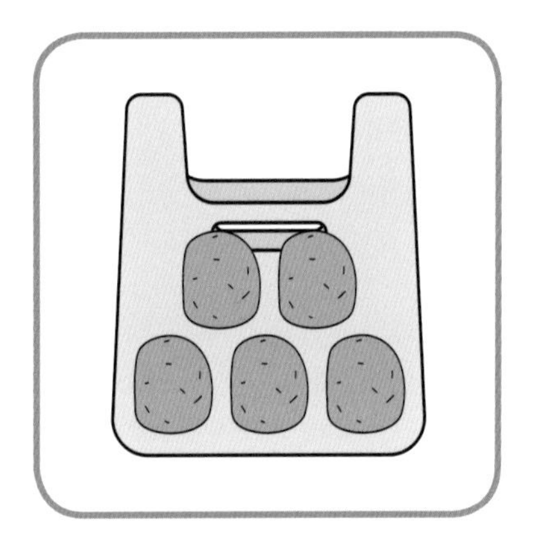

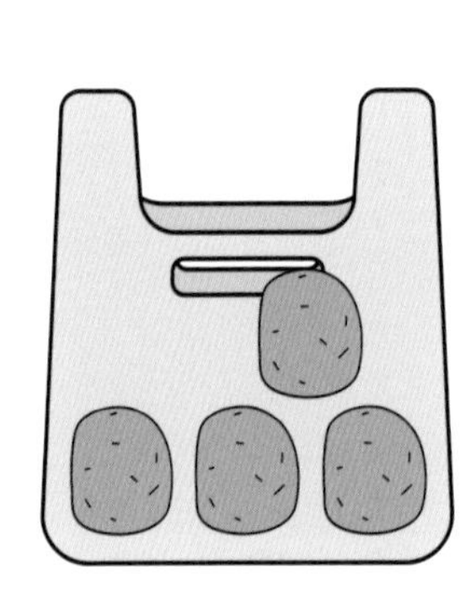

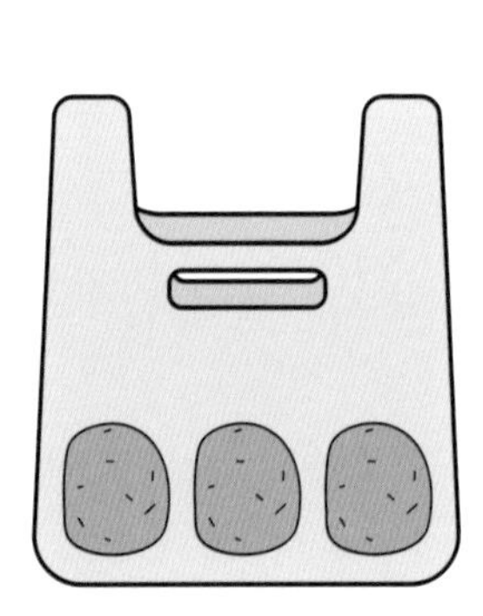

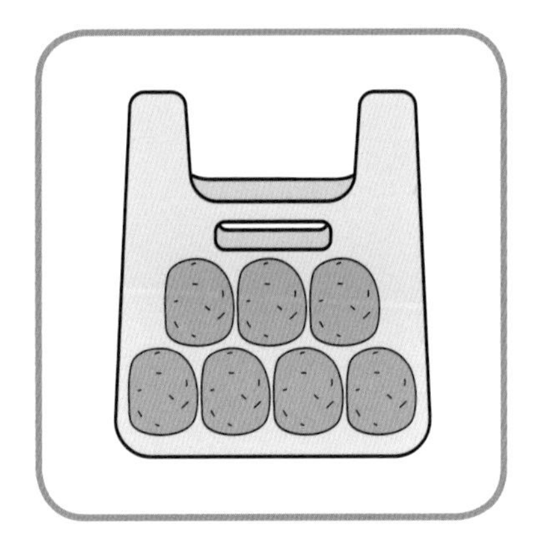

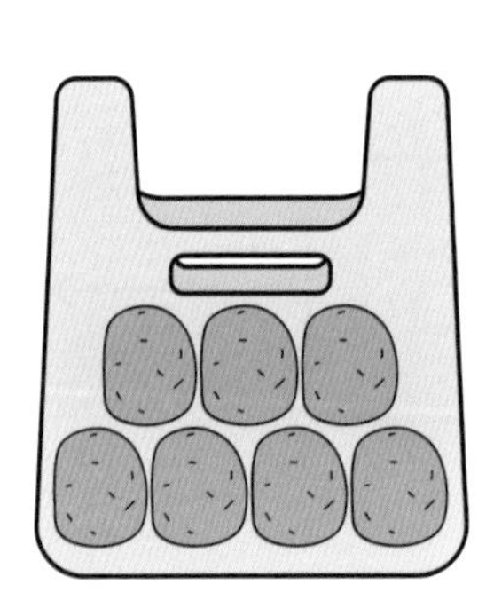

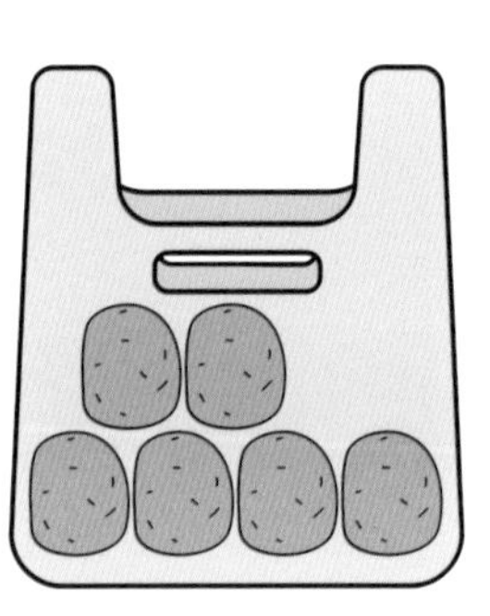

수를 순서대로 썼을 때 어떤 수의 바로 전에 쓰는 수는 1 작은 수, 1 작은 수의 전에 쓰는 수는 2 작은 수입니다. 순서를 거꾸로 하여 수를 써 보면서 1 작은 수와 2 작은 수를 알아봅니다.

수의 순서를 생각하면서 **1 작은 수**와 **1 큰 수**를 찾아 이어 보세요.

1 작은 수		1 큰 수
1	2	8
4	7	3
7	5	9
6	8	6

STEP 4

수의 순서를 생각하면서 빈칸에 **1씩 작아지는 수**를 써 보세요.

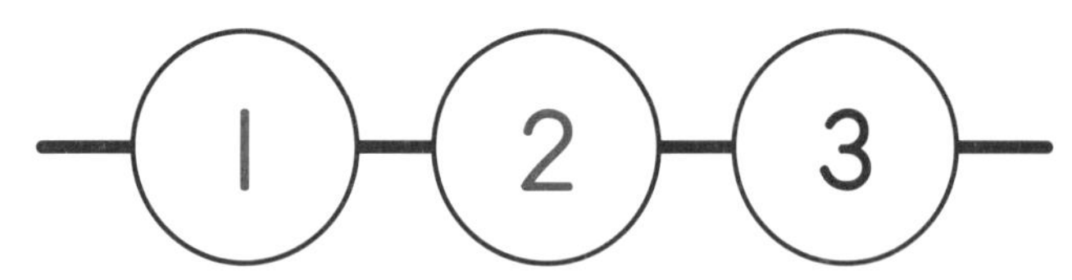

3보다 2 작은 수 3보다 1 작은 수

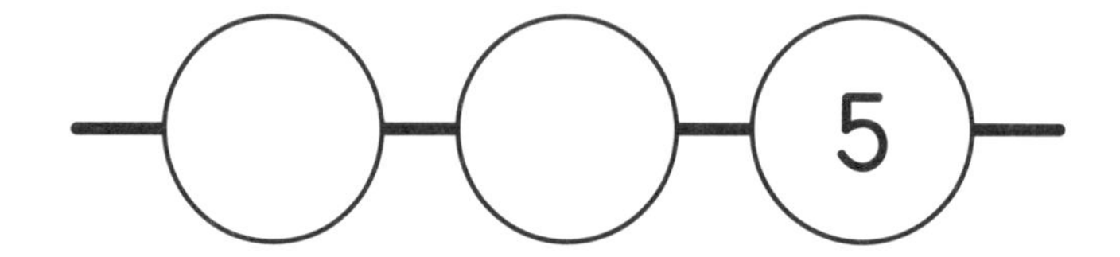

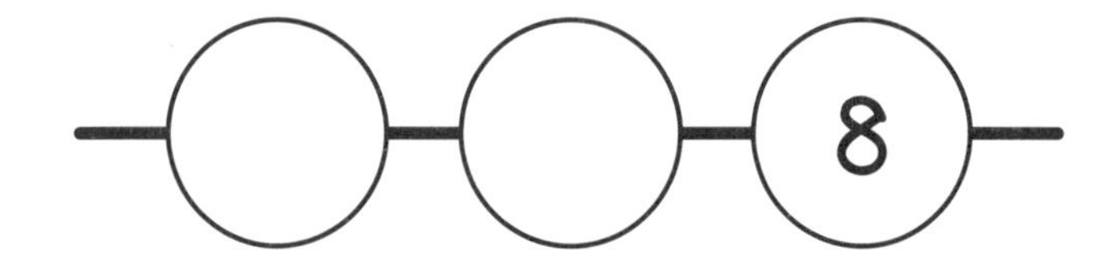

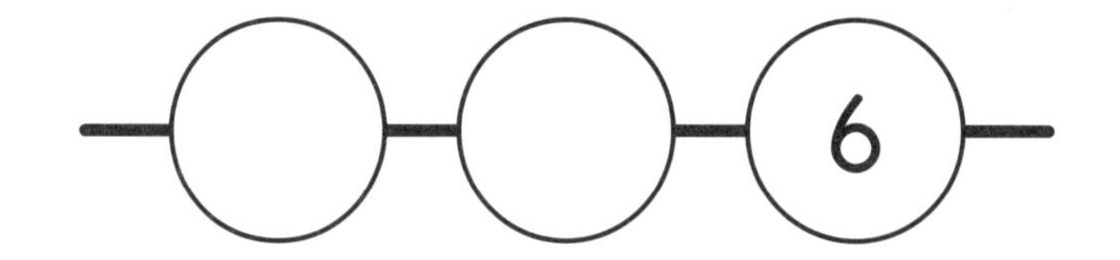

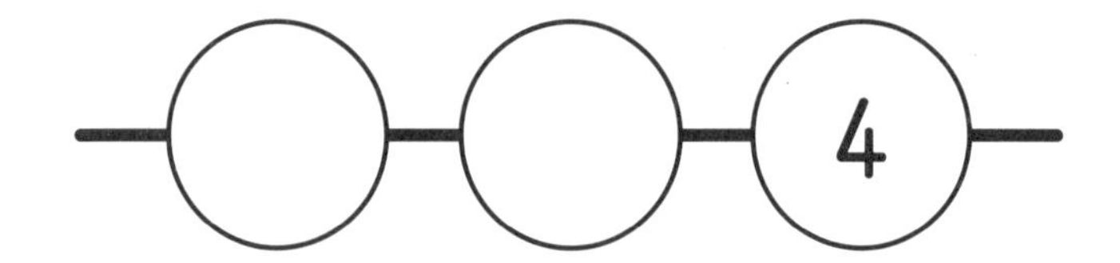

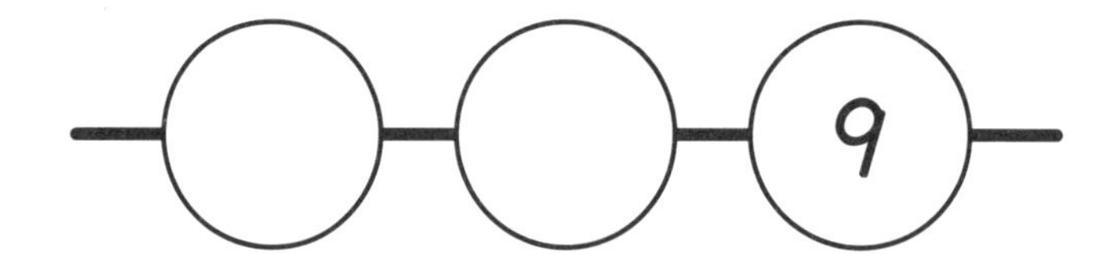

2 작은 수를 써 보세요.

2 더하기

덧셈의 두 가지 상황을 알아봅시다.

어항에 물고기 3마리가 있는데 2마리를 더 넣었더니 모두 5마리입니다.

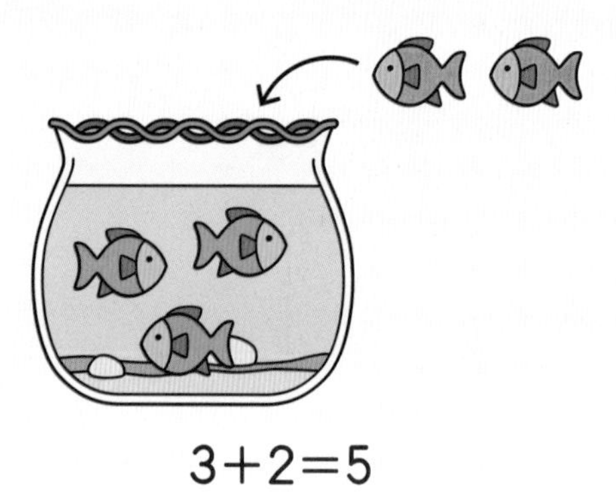

$3+2=5$

빨간색 물고기 4마리와 초록색 물고기 1마리를 합하면 모두 5마리입니다.

$4+1=5$

덧셈은 처음에 있던 양이 증가하는 '첨가'와 두 집합을 더하는 '합병'이라는 두 가지 상황으로 구분할 수 있습니다(왼쪽 그림에서 첫째는 첨가, 둘째는 합병).
다양한 덧셈 상황과 기호를 사용한 덧셈식을 살펴보면서 덧셈식을 직접 써 보고 덧셈을 해 봅니다. 덧셈식에서 '+'는 '더하기', '='는 '같다'를 나타내는 기호입니다.

STEP 1

이어 세기

상자와 통조림을 모두 센 수만큼 ◯를 그려 보세요.

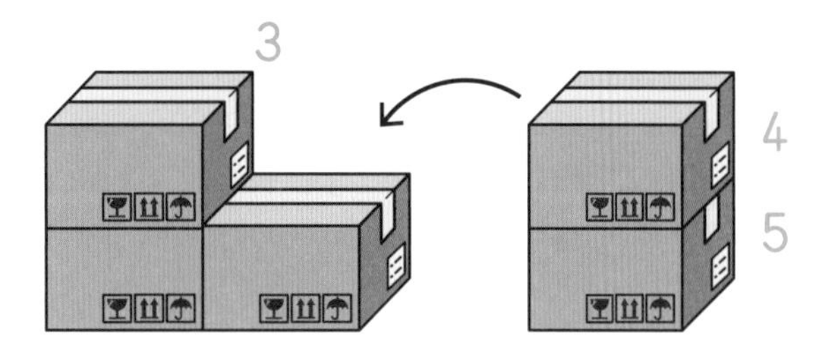

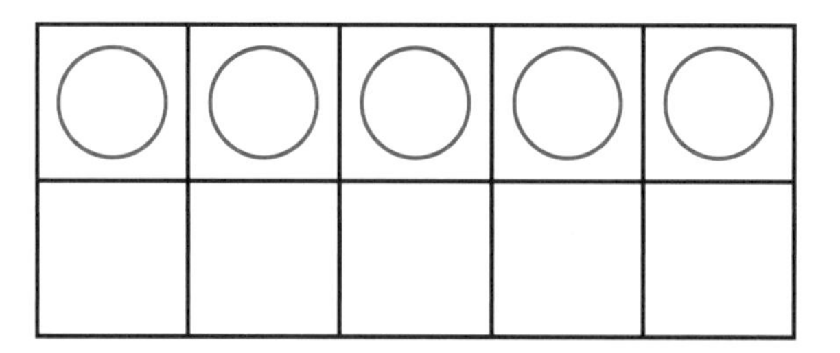

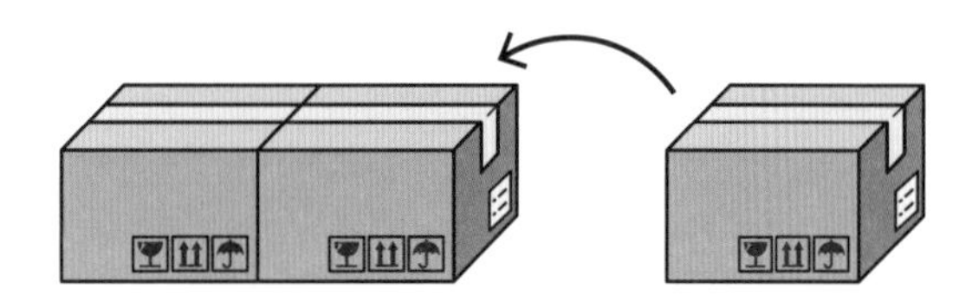

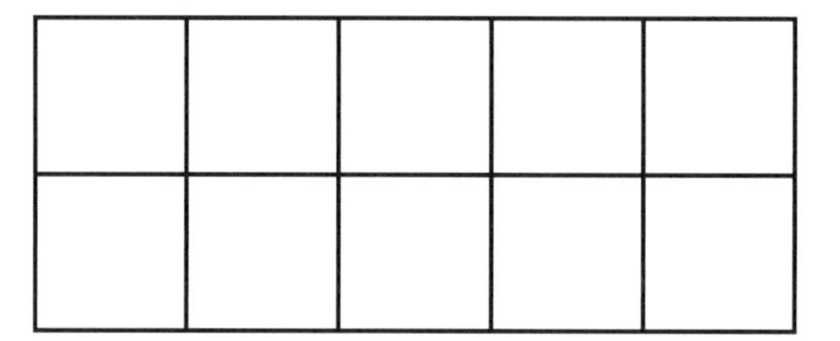

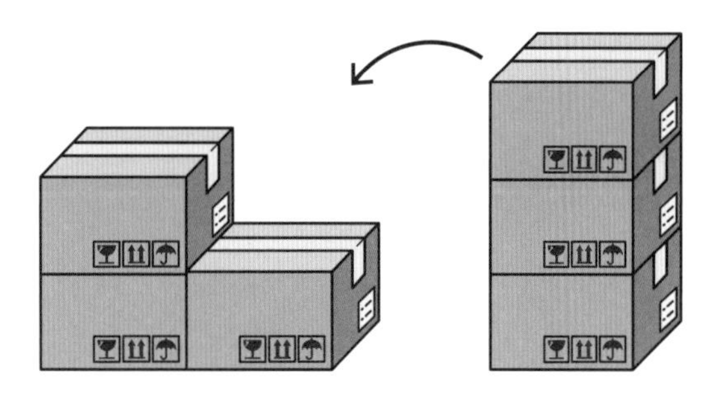

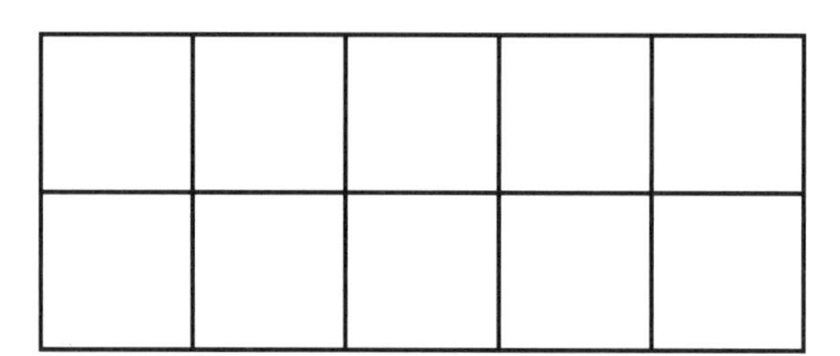

이어 세기는 덧셈을 하는 방법 중 하나로 어떤 수부터 시작하여 몇을 더 세는 방법입니다. 3부터 시작하여 2를 더 세면 3, 4, 5로 5입니다. 이와 같이 이어 세는 연습을 하면 덧셈을 할 때 편리하게 계산할 수 있습니다.

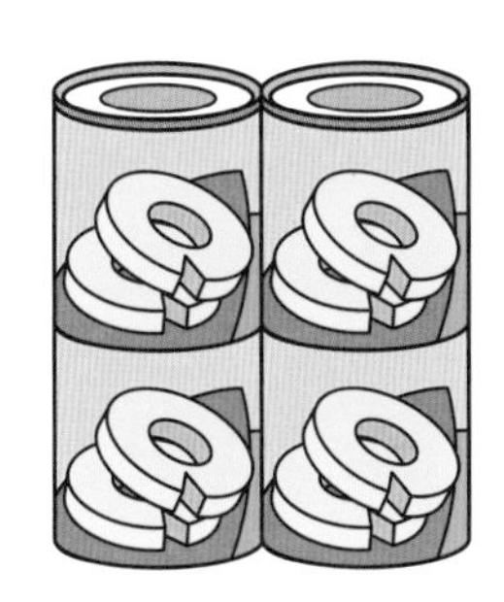

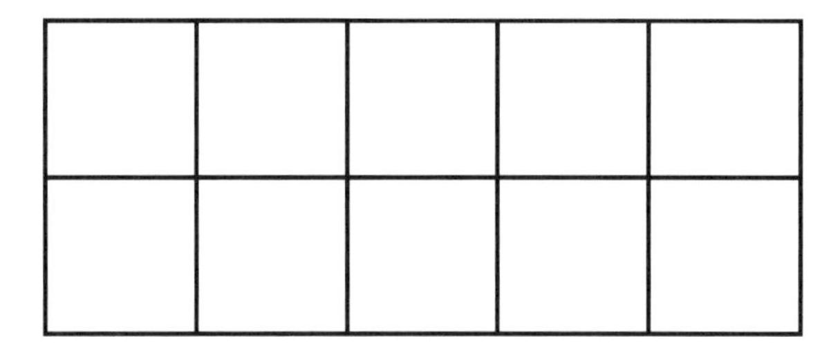

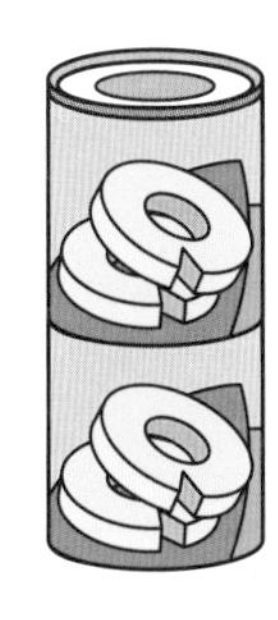

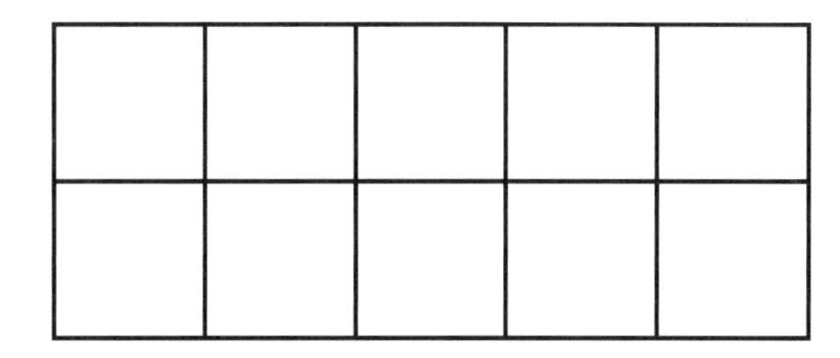

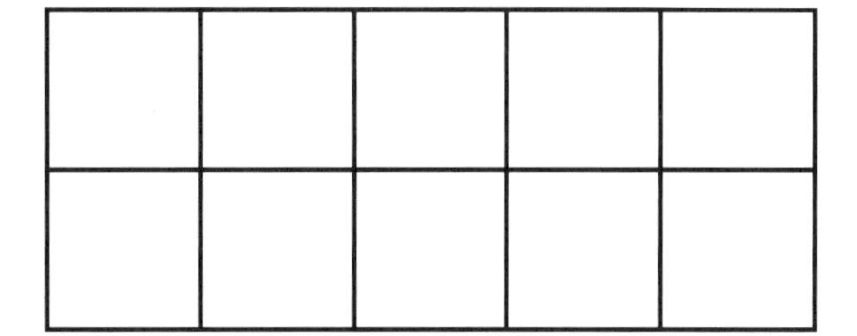

STEP 1

귤과 야구공을 모두 세어 알맞은 수에 ◯표 하세요.

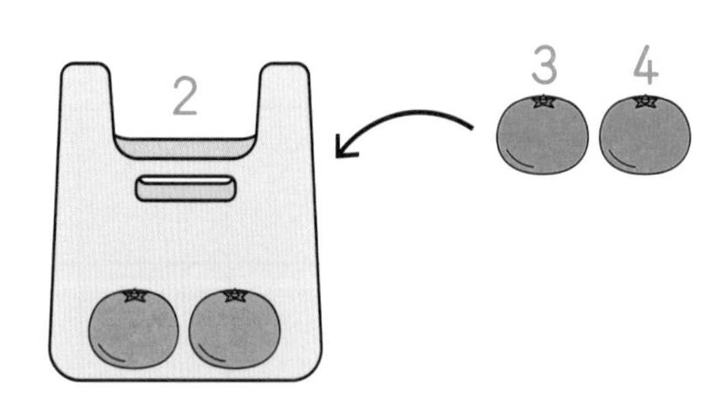

1	2	3	4	5	6	7	8	9

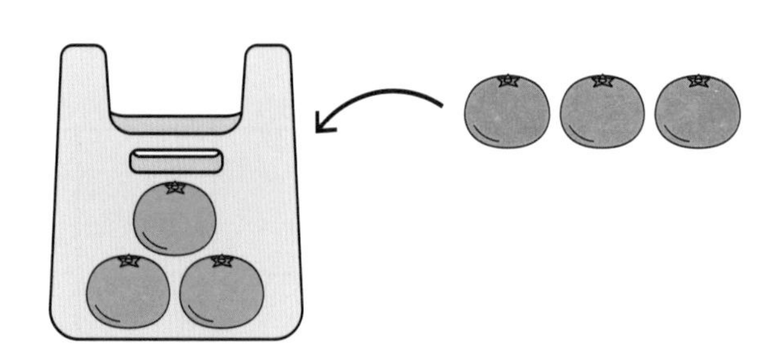

1	2	3	4	5	6	7	8	9

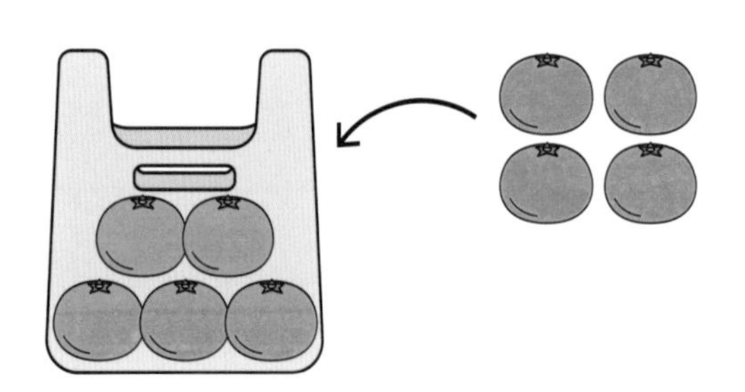

1	2	3	4	5	6	7	8	9

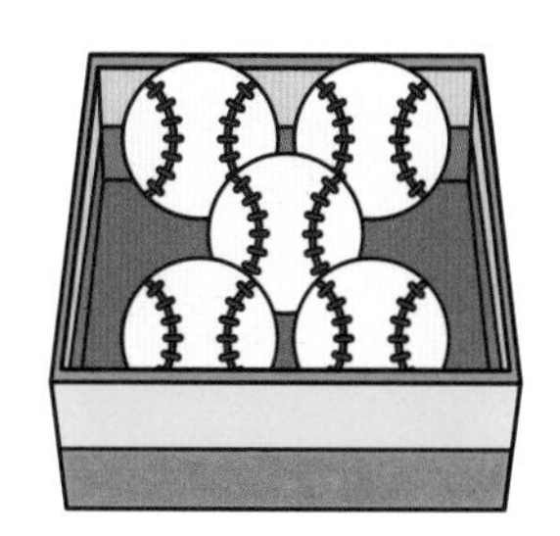
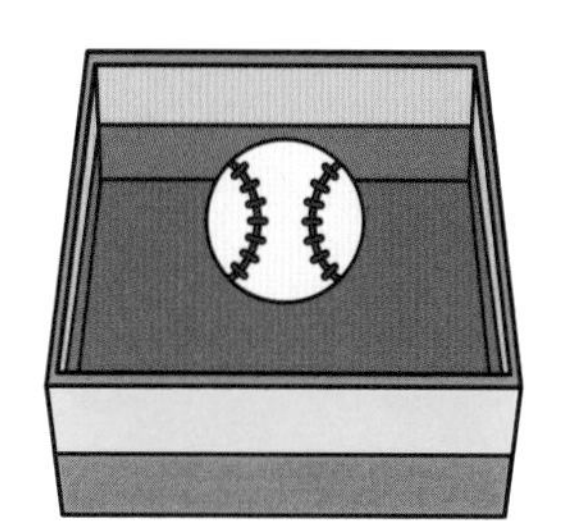

1 2 3 4 5 6 7 8 9

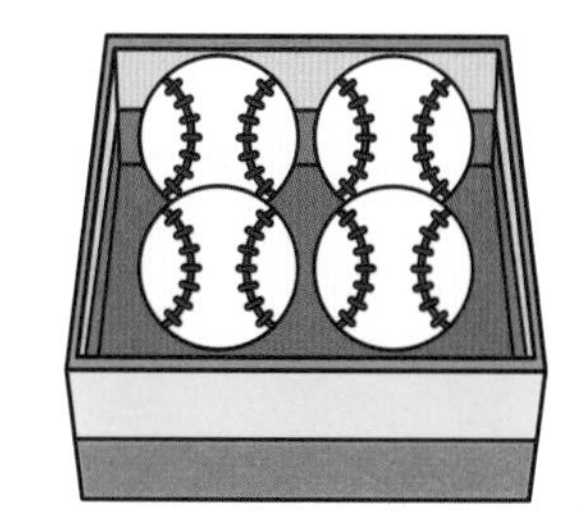
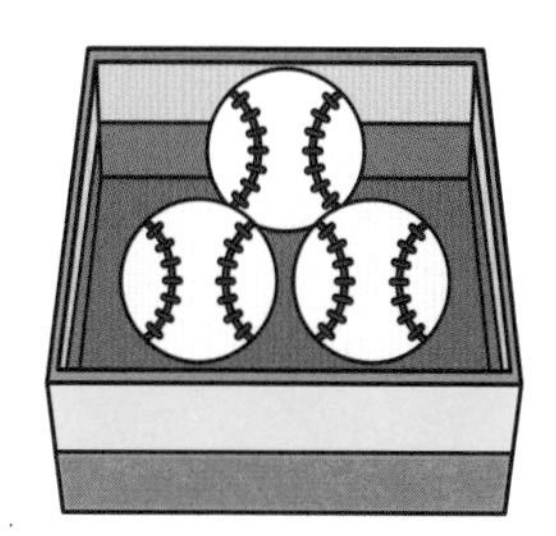

1 2 3 4 5 6 7 8 9

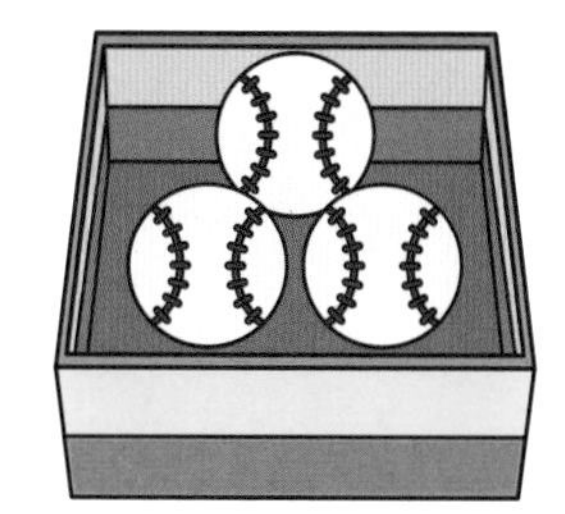
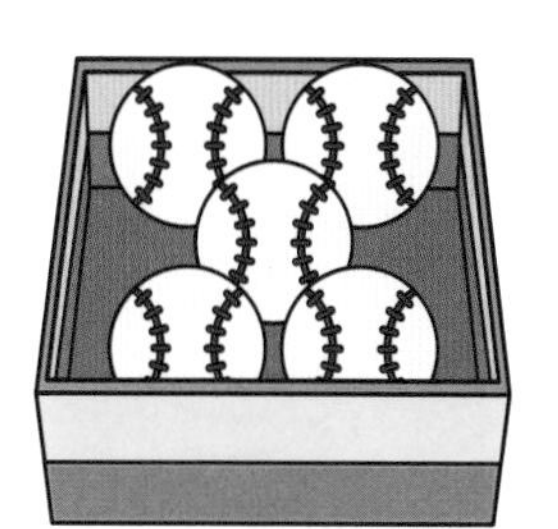

1 2 3 4 5 6 7 8 9

STEP 2

더하기

그림을 보고 덧셈식을 따라 쓰고 읽어 보세요.

$2 + 1 = 3$

[읽기]
2 더하기 1은 3과 같습니다.

$4 + 2 = 6$

[읽기]
4 더하기 2는 6과 같습니다.

$5 + 3 = 8$

[읽기]
5 더하기 3은 8과 같습니다.

덧셈식에서 '+'는 '더하기', '='는 '같다'를 나타내는 기호입니다. '3+2=5'는 '3 더하기 2는 5와 같습니다'라고 읽습니다. 덧셈식을 따라 쓰면서 기호에 익숙해지도록 합니다.

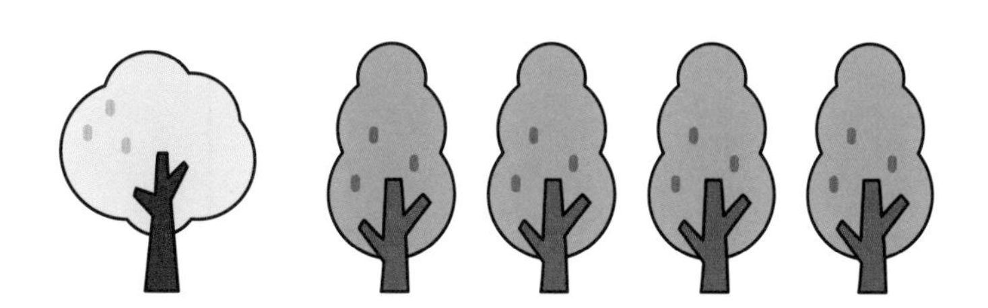

1 + 4 = 5

[읽기]
1 더하기 4는 5와 같습니다.

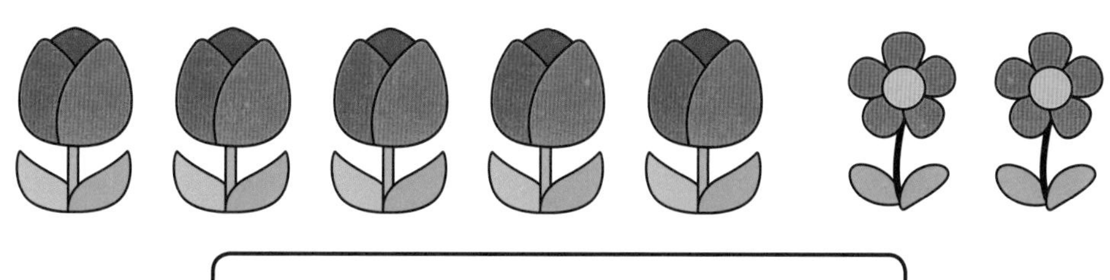

5 + 2 = 7

[읽기]
5 더하기 2는 7과 같습니다.

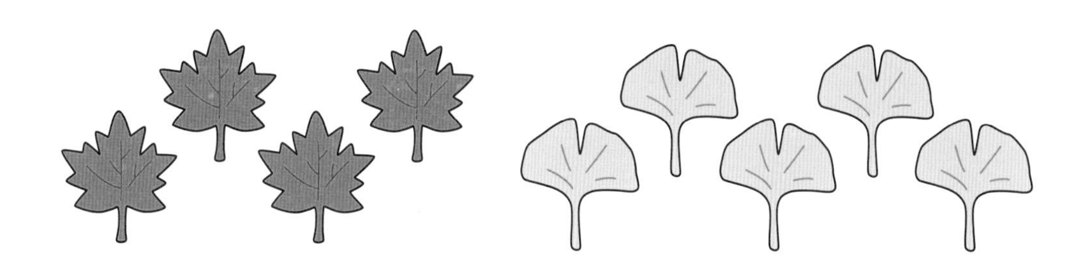

4 + 5 = 9

[읽기]
4 더하기 5는 9와 같습니다.

STEP 2

덧셈식에 알맞게 ◯를 그려 보세요.

4 + 2 = 6

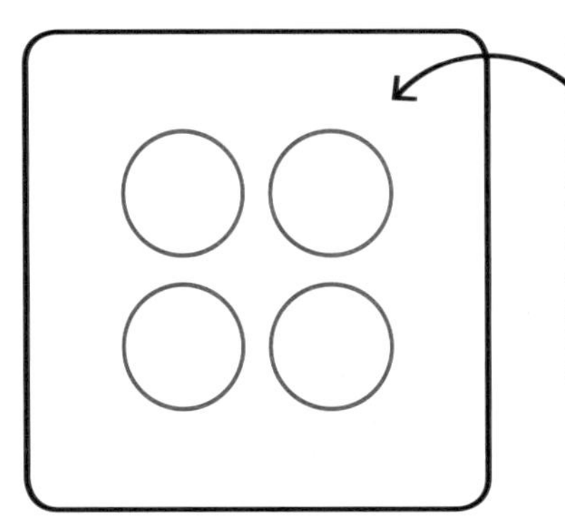

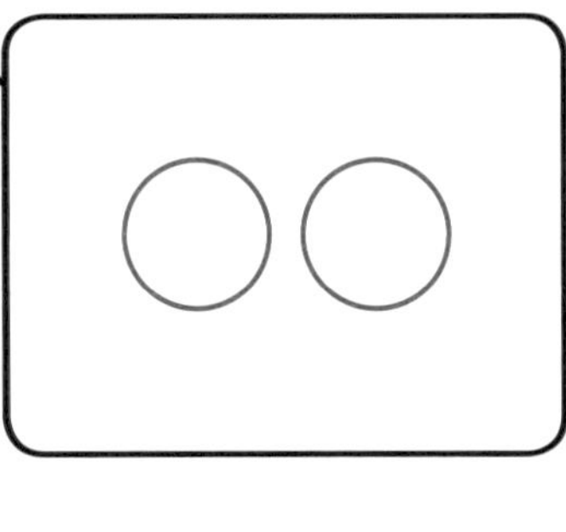

6 + 3 = 9

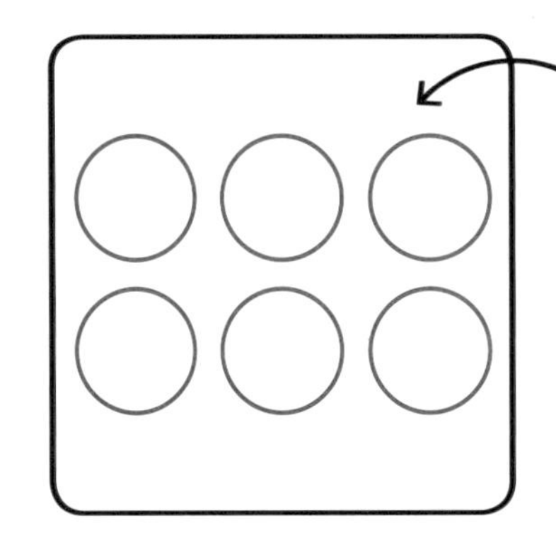

5 + 2 = 7

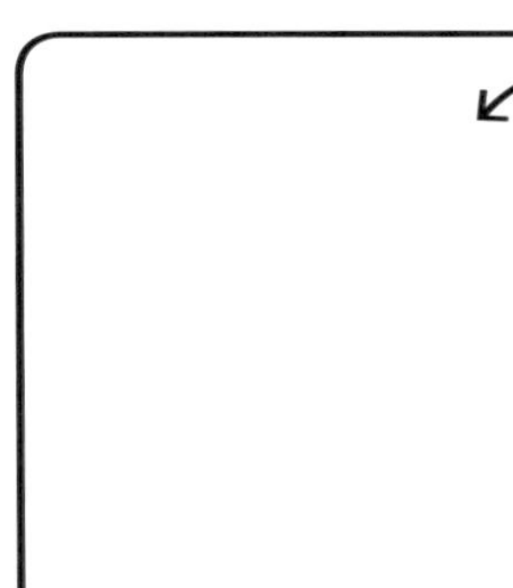

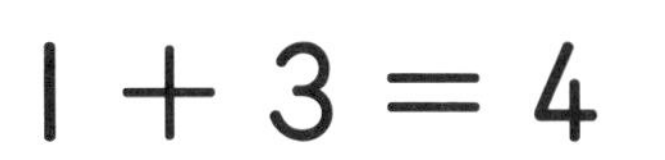

$1 + 3 = 4$

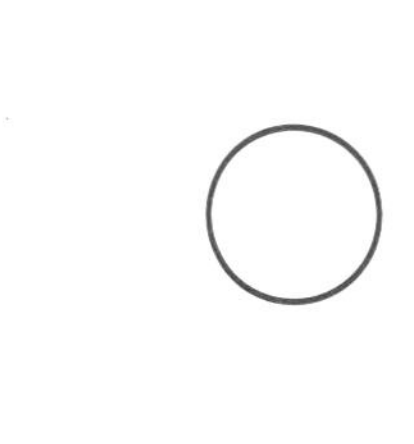

$3 + 4 = 7$

$4 + 5 = 9$

STEP 3

덧셈하기

펼친 손가락을 더해서 수를 써 보세요.

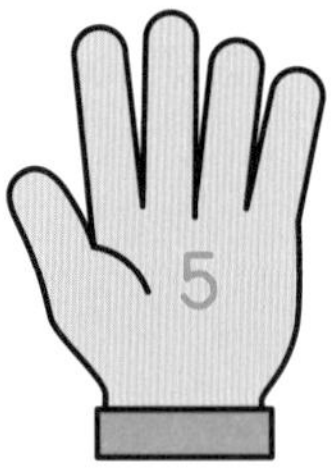

5 + 6 7 = 7

+ =

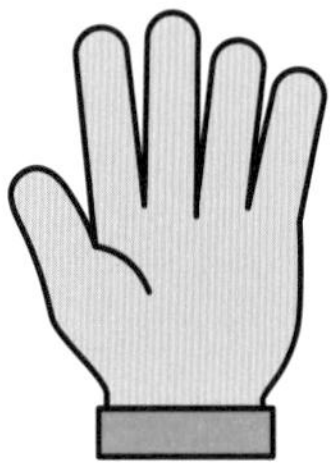

+ =

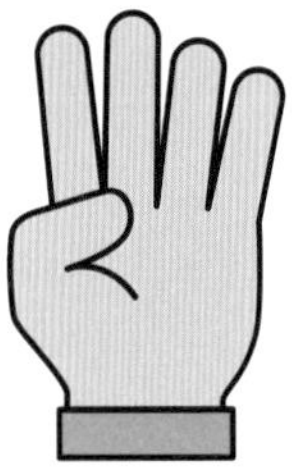

+ =

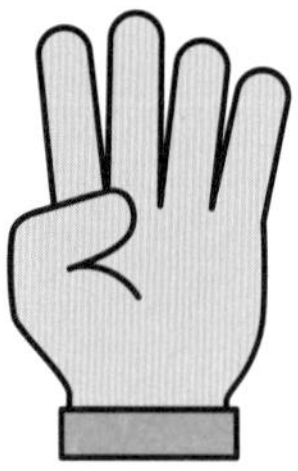

펼친 손가락을 모두 세고, 수에서 펼친 손가락만큼 이어 세는 방법으로 덧셈을 해 봅니다. 그림을 보고 사물을 세어 보면서 여러 가지 덧셈 상황을 살펴봅니다.

수와 펼친 손가락을 더해서 수를 써 보세요.

5 6 7

4 + (손가락 3개) = ☐

7 + (손가락 4개) = ☐

3 + (손가락 5개) = ☐

5 + (손가락 4개) = ☐

STEP 3

두 수를 더한 만큼 ◯를 그려 보세요.

○○ ○○
2 + 2 =

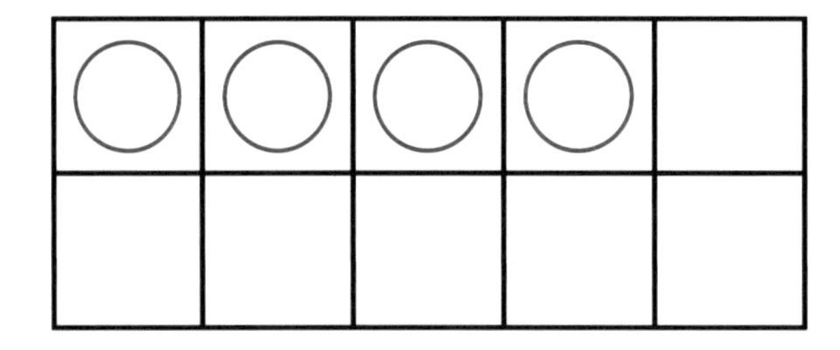

1 + 5 =

8 + 1 =

6 + 2 =

덧셈을 해 보세요.

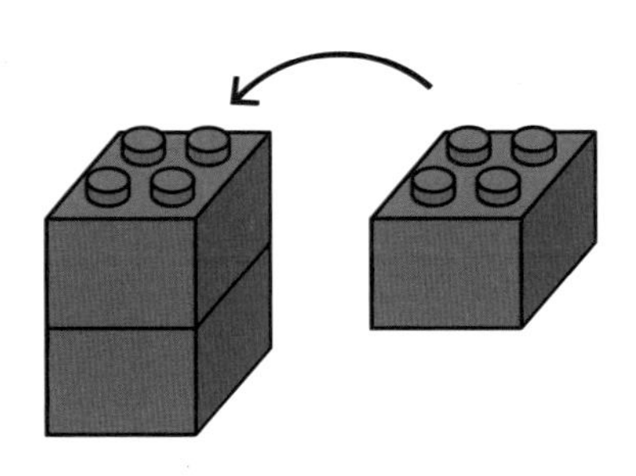

$2 + 1 =$ □

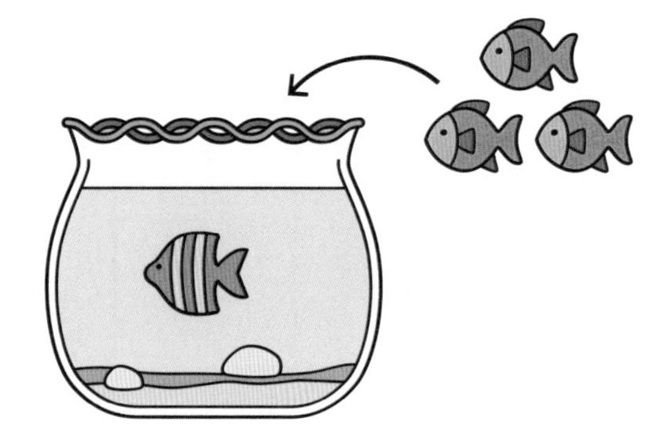

$1 + 3 =$ □

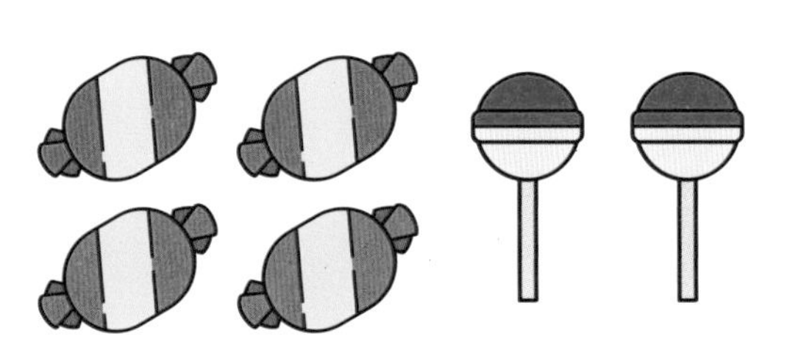

$4 + 2 =$ □

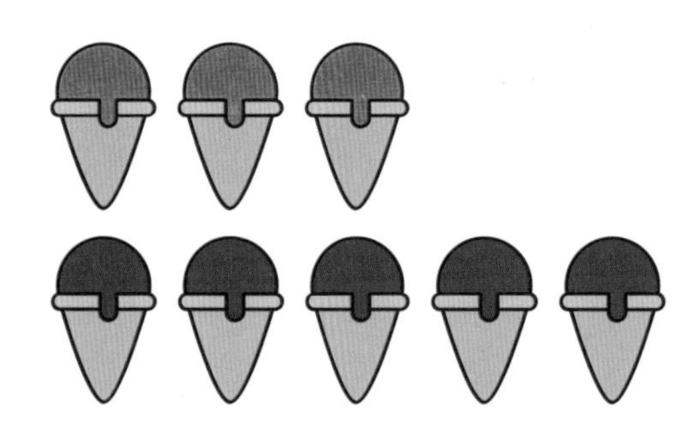

$3 + 5 =$ □

덧셈식 찾기

그림을 보고 알맞은 덧셈식을 찾아 이어 보세요.

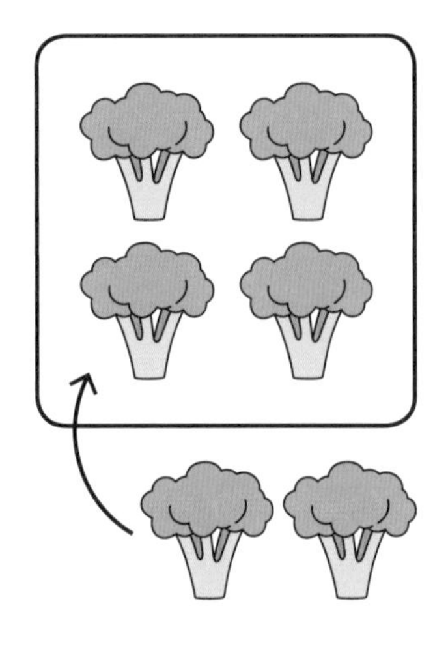

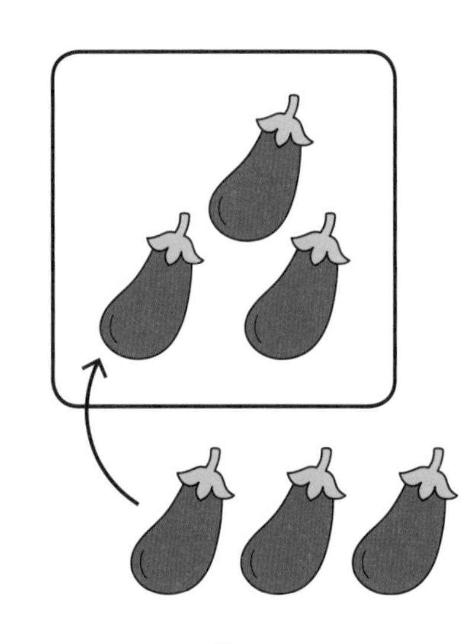

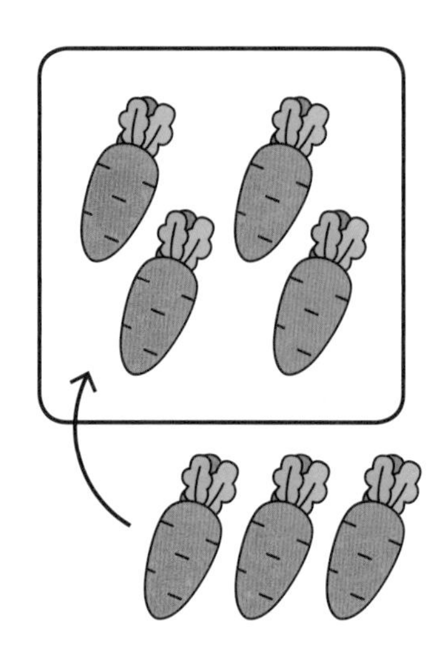

$4 + 2 = 6$	$4 + 3 = 7$	$3 + 3 = 6$

그림에 제시된 덧셈 상황을 파악하여 알맞은 덧셈식을 찾아봅니다. 합이 같은 여러 가지 덧셈식을 찾는 활동은 추론 능력을 길러 줍니다.

그림을 보고 알맞은 덧셈식을 색칠해 보세요.

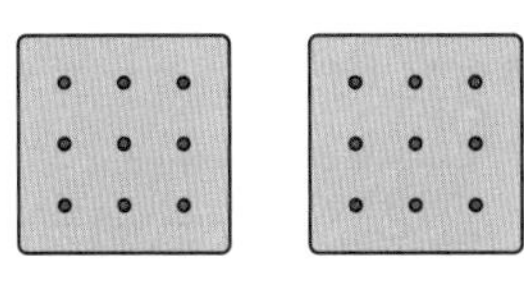

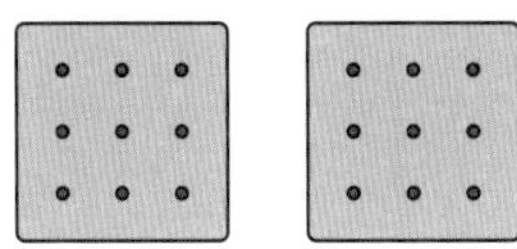

$3 + 1 = 4$

$4 + 1 = 5$

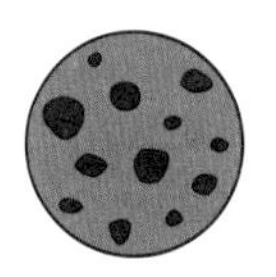
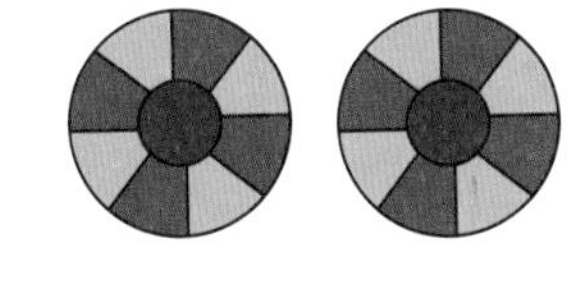
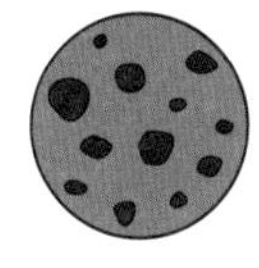
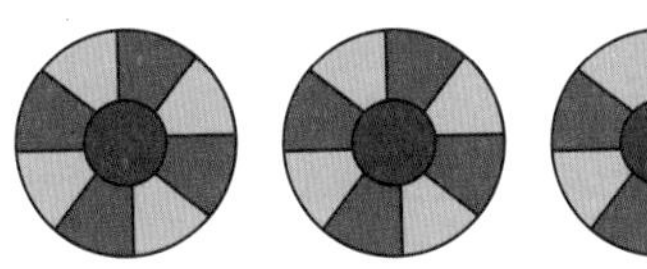

$2 + 5 = 7$

$3 + 5 = 8$

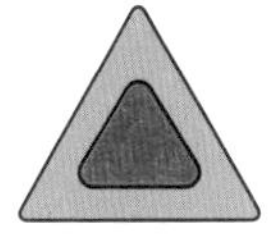
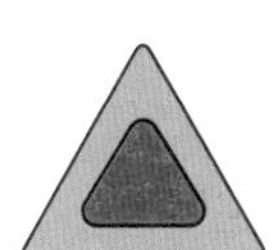
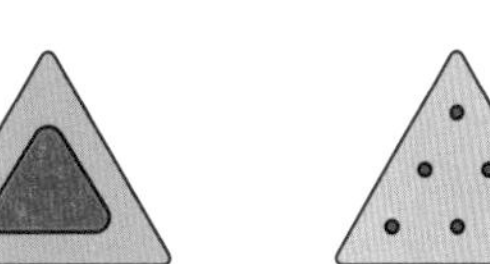

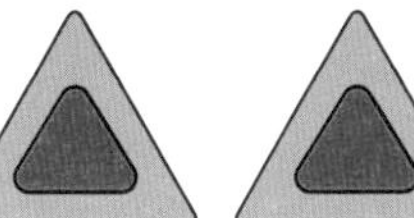
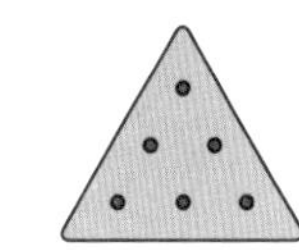

$6 + 2 = 8$

$6 + 3 = 9$

STEP 4

계산 결과가 주어진 수만큼인 덧셈식을 찾아 모두 색칠해 보세요.

계산 결과가 9가 되는 덧셈식을 따라 길을 그려 보세요.

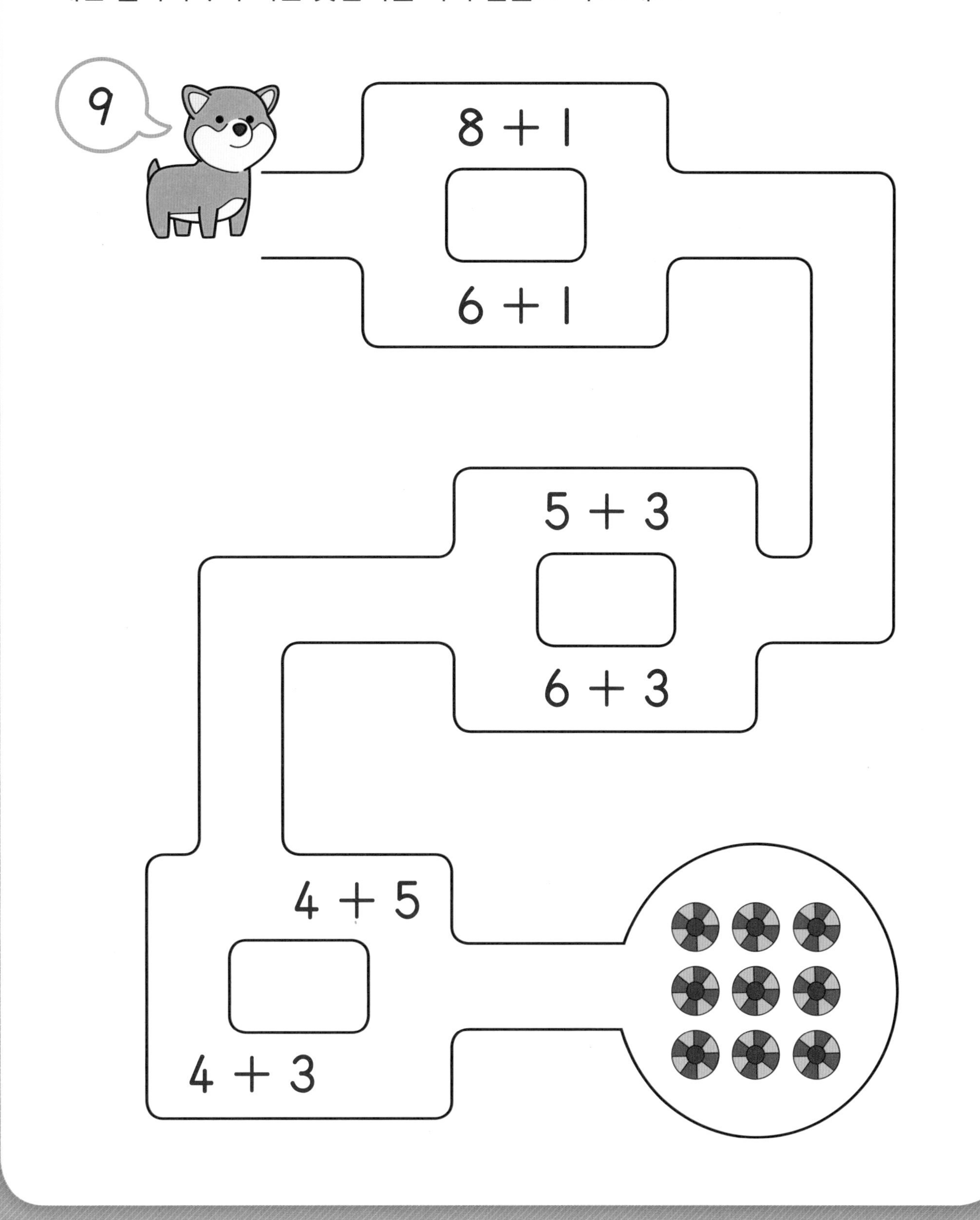

3 빼기

뺄셈의 두 가지 상황을 알아봅시다.

풍선 5개가 있었는데 2개가 터져서 남은 풍선은 3개입니다.

5－2＝3

파란색 풍선 5개와 초록색 풍선 1개를 비교하면 파란색 풍선이 4개 더 많습니다.

5－1＝4

뺄셈은 처음에 있던 양이 감소하는 '제거'와 두 집합의 크기를 비교하는 '비교'라는 두 가지 상황으로 구분할 수 있습니다(왼쪽 그림에서 첫째는 제거, 둘째는 비교).
다양한 뺄셈 상황과 기호를 사용한 뺄셈식을 살펴보면서 뺄셈식을 직접 써 보고 뺄셈을 해 봅니다. 뺄셈식에서 '−'는 '빼기', '='는 '같다'를 나타내는 기호입니다.

STEP 1

남은 양 세기

빼고 남은 빵의 수만큼 ◯를 그려 보세요.

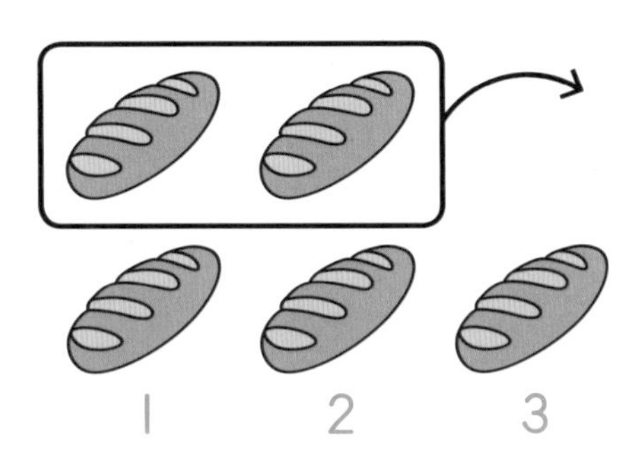

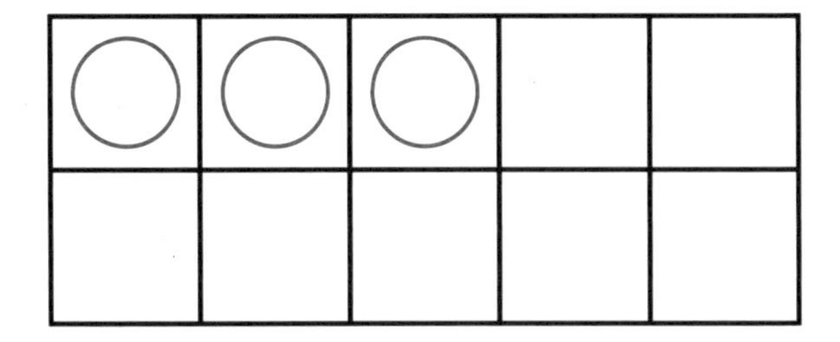

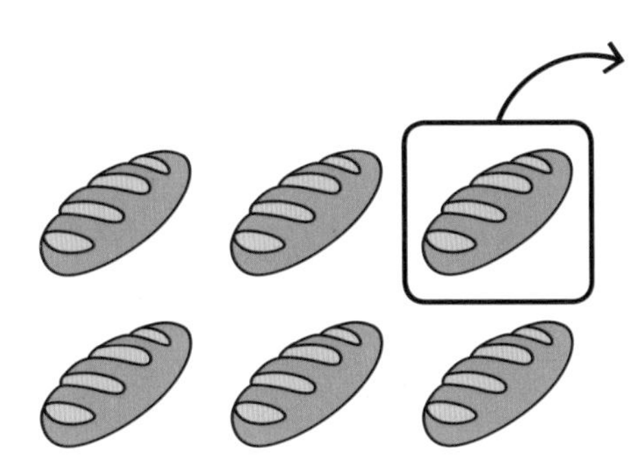

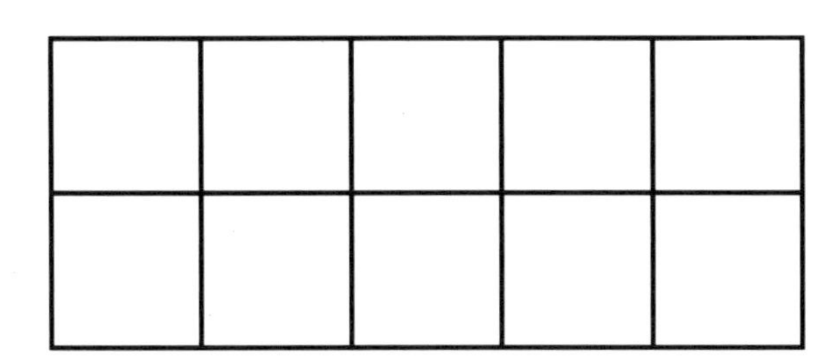

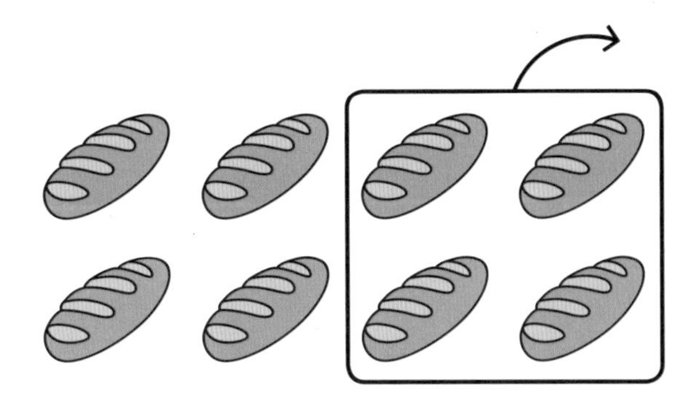

유아에게 뺄셈은 수의 순서를 거꾸로 하여 세어야 하므로 덧셈보다 어렵습니다. 따라서 뺄셈을 처음 할 때는 제거하고 남은 양을 일일이 세는 하나씩 세기와 비교하여 짝 지어 보고 남은 양을 하나씩 세는 방법을 이용해 봅니다.

밤과 도토리를 하나씩 짝 짓고 남은 도토리의 수만큼 ◯를 그려 보세요.

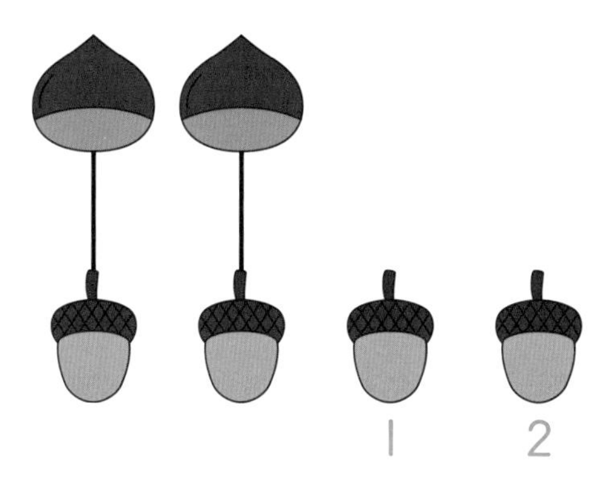

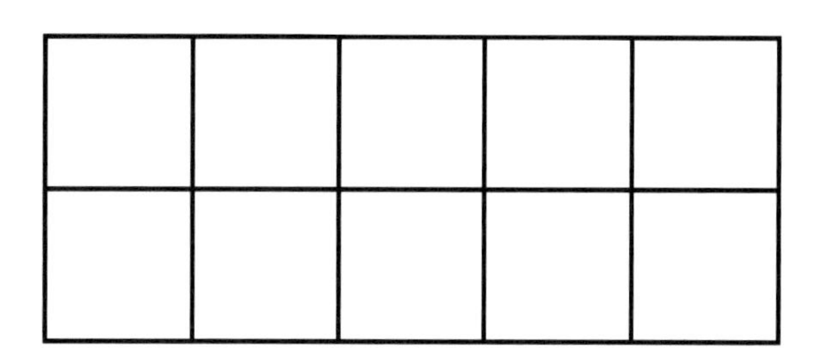

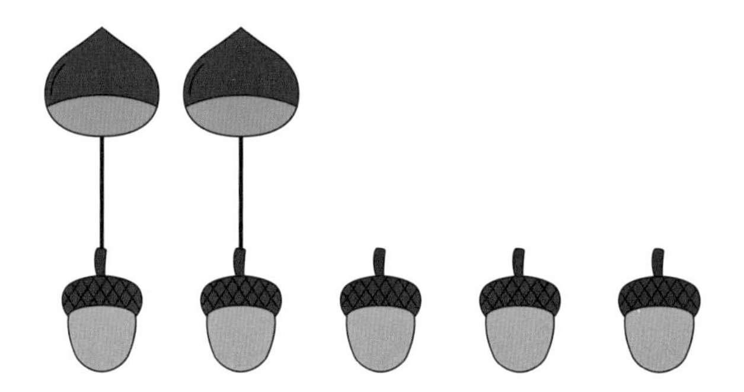

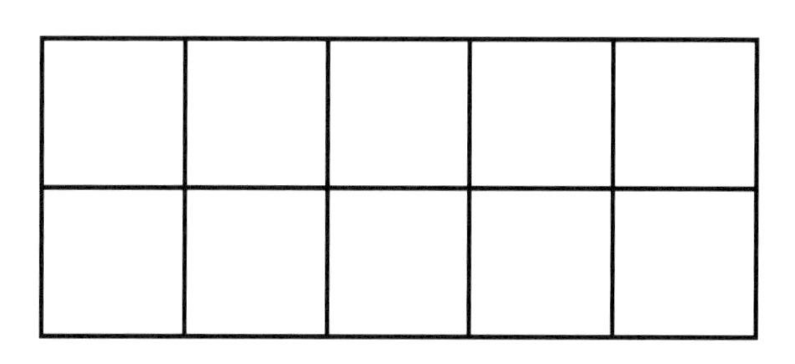

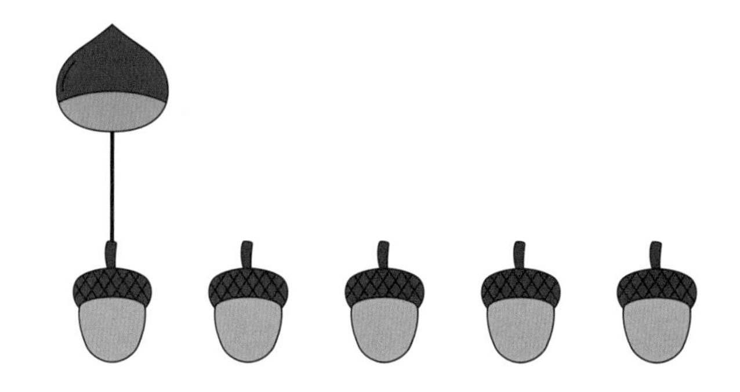

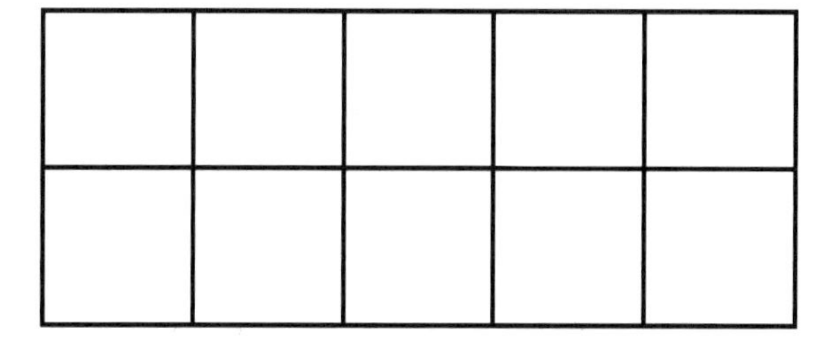

STEP 1

빼고 남은 감을 세어 알맞은 수에 ◯표 하세요.

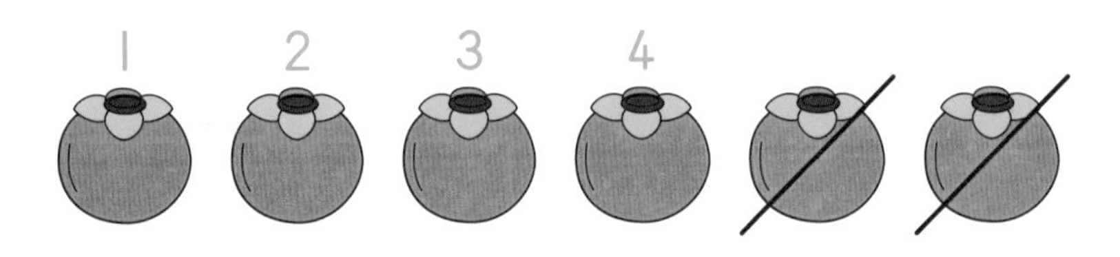

1 2 3 4 5 6 7 8 9

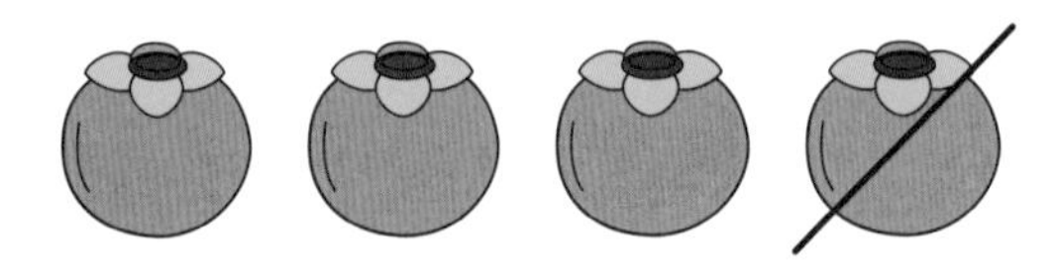

1 2 3 4 5 6 7 8 9

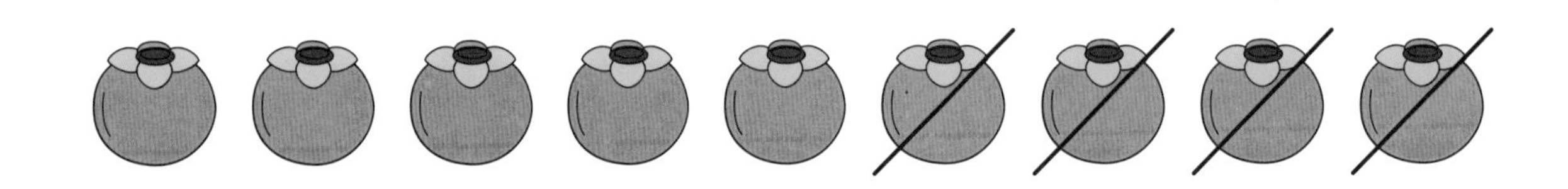

1 2 3 4 5 6 7 8 9

농구공과 축구공을 하나씩 짝 짓고 남은 농구공을 세어 알맞은 수에 ◯표 하세요.

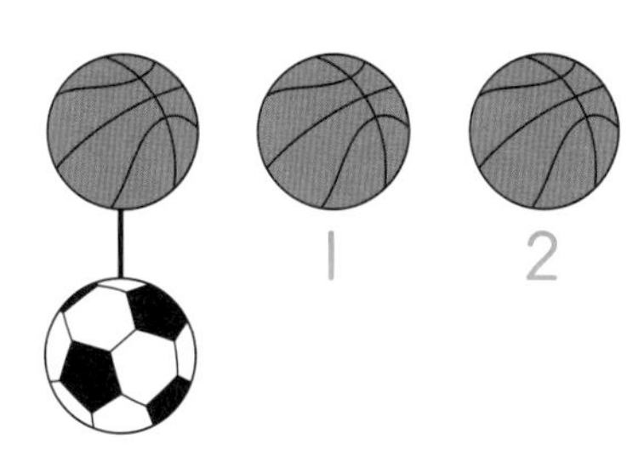

1	2	3	4	5	6	7	8	9

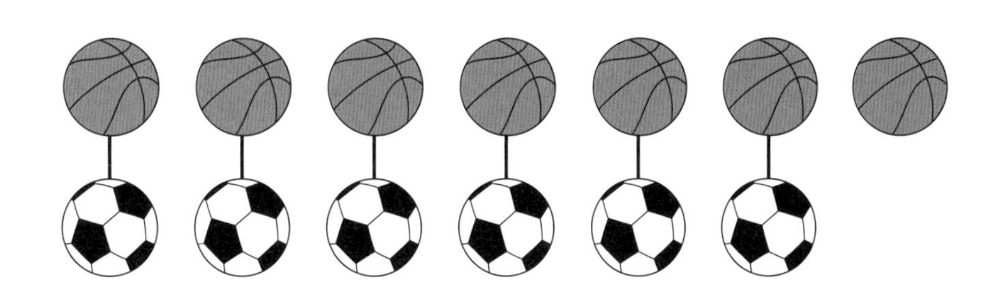

1	2	3	4	5	6	7	8	9

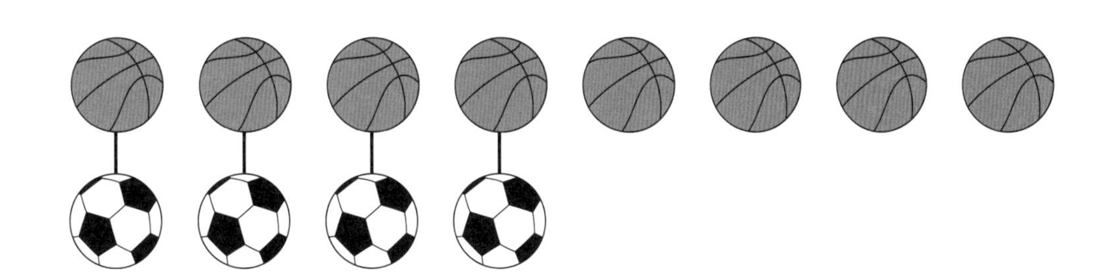

1	2	3	4	5	6	7	8	9

STEP 2

빼기

그림을 보고 뺄셈식을 따라 쓰고 읽어 보세요.

$3 - 1 = 2$

[읽기]
3 빼기 1은 2와 같습니다.

$6 - 2 = 4$

[읽기]
6 빼기 2는 4와 같습니다.

$8 - 3 = 5$

[읽기]
8 빼기 3은 5와 같습니다.

빨셈식에서 '-'는 '빼기', '='는 '같다'를 나타내는 기호입니다. '5-3=2'는 '5 빼기 3은 2와 같습니다'라고 읽습니다. 제거 상황에서의 뺄셈은 남은 것이 몇 개, 비교 상황에서의 뺄셈은 몇 개 더 많음을 나타냅니다.

$5 - 4 = 1$

[읽기]
5 빼기 4는 1과 같습니다.

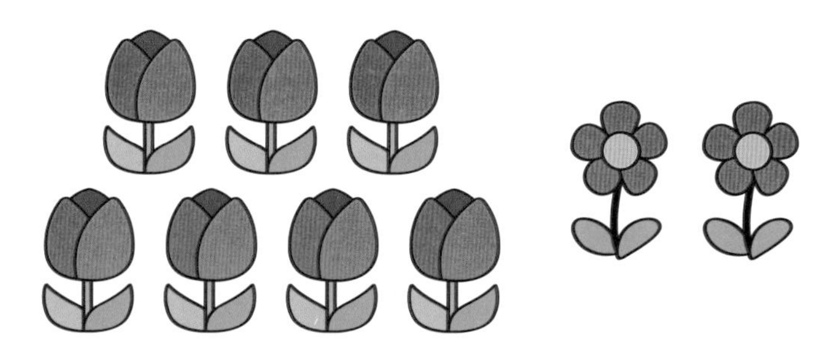

$7 - 2 = 5$

[읽기]
7 빼기 2는 5와 같습니다.

$9 - 5 = 4$

[읽기]
9 빼기 5는 4와 같습니다.

STEP 2

뺄셈식에 알맞게 /으로 구슬을 지워 보세요.

$5 - 2 = 3$

5개에서 2개를 지우면 남은 구슬은 3개입니다.

$6 - 3 = 3$

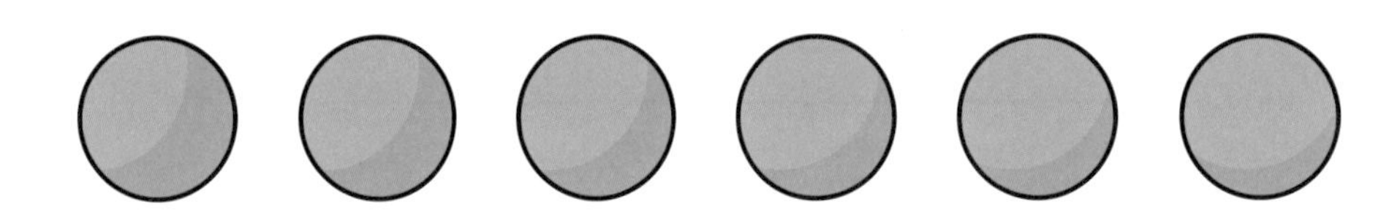

$7 - 1 = 6$

빼셈식에 알맞게 구슬을 하나씩 짝 지어 보세요.

$6 - 1 = 5$

○과 ●을 하나씩 짝 지으면 ○이 5개 더 많습니다.

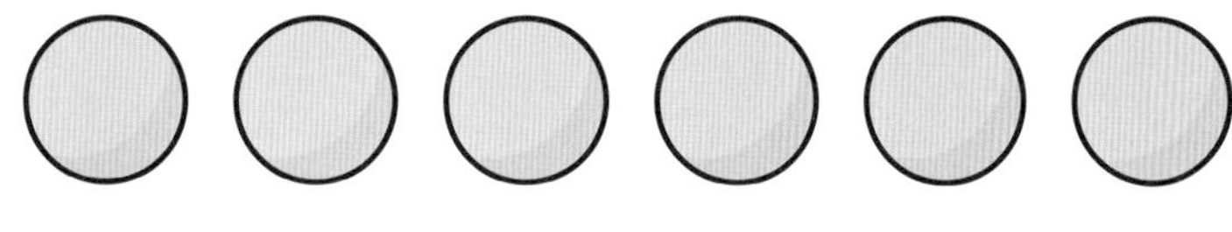

$7 - 4 = 3$

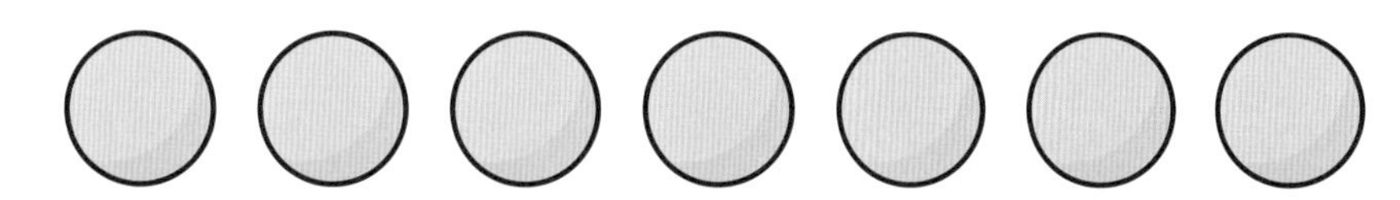

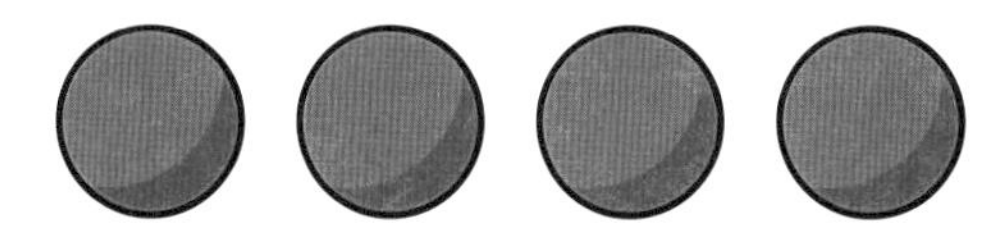

$9 - 2 = 7$

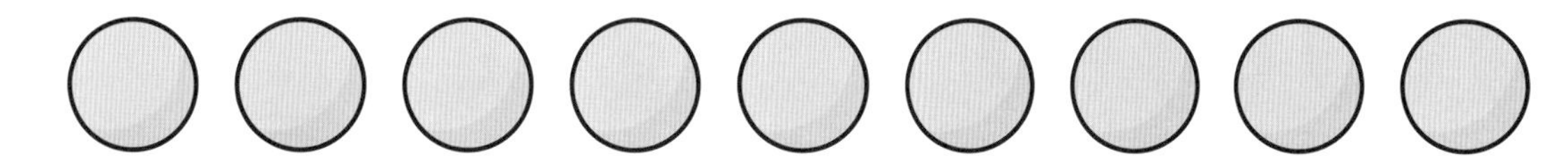

STEP 3

뺄셈하기

사과 몇 개를 먹었습니다. 남은 사과는 몇 개인지 세어 수를 써 보세요.

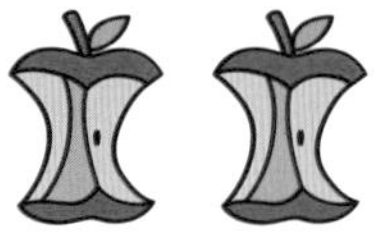

1

− =

− =

− =

− =

뺄셈을 할 때 거꾸로 세기를 이용하는 경우 7에서 3을 빼면 거꾸로 세어 6, 5, 4가 되어야 합니다. 하지만 7부터 7, 6, 5로 세어 답이 5가 되거나 3이 될 때까지 빼서 6, 5, 4, 3으로 답이 3이 되는 오류가 나오지 않도록 주의해야 합니다.

수만큼 사과를 먹었습니다. 남은 사과는 몇 개인지 세어 수를 써 보세요.

− 3 = □

− 2 = □

− 5 = □

STEP 3

빼셈을 하여 ◯를 그려 보세요.

$7 - 3 =$ ◯◯◯◯

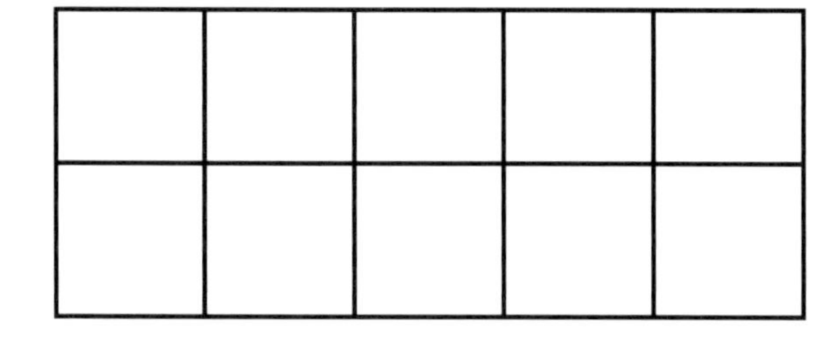

$6 - 5 =$

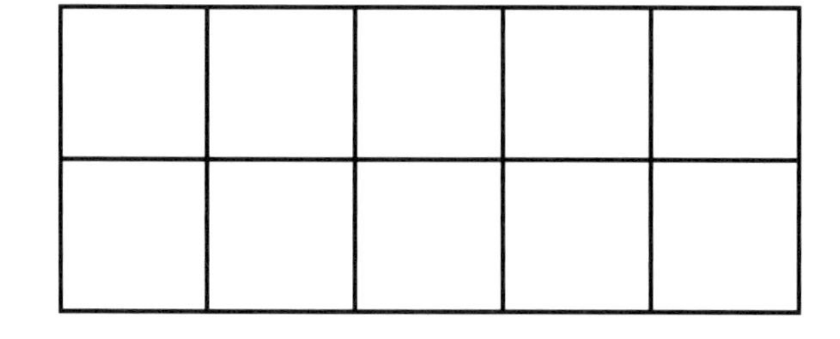

$9 - 1 =$

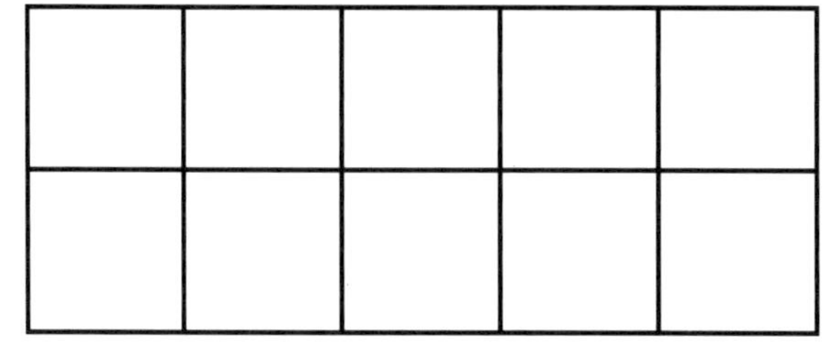

$8 - 4 =$

빨셈을 해 보세요.

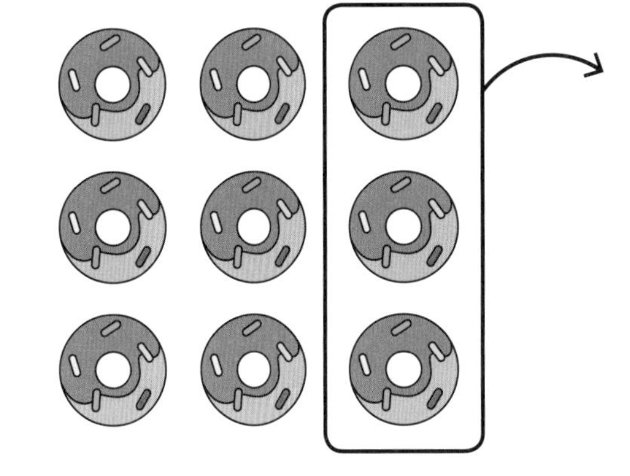

7 − 5 = □

9 − 3 = □

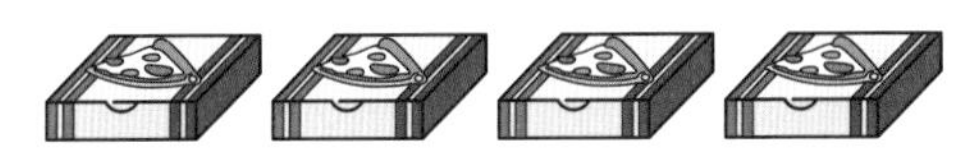

5 − 4 = □

6 − 2 = □

STEP 4

뺄셈식 찾기

그림을 보고 알맞은 뺄셈식을 찾아 이어 보세요.

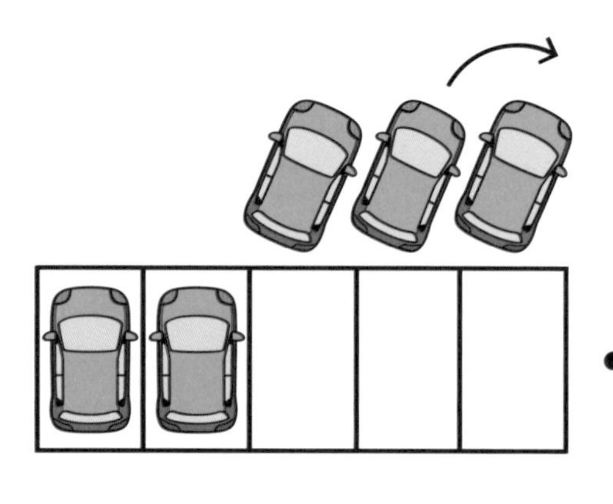

• • $5 - 4 = 1$

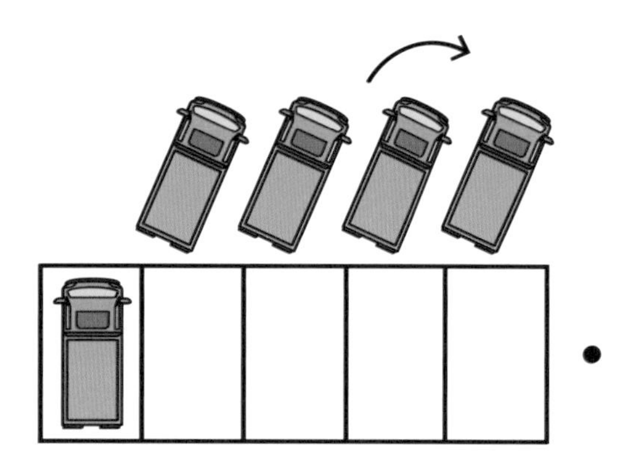

• • $5 - 3 = 2$

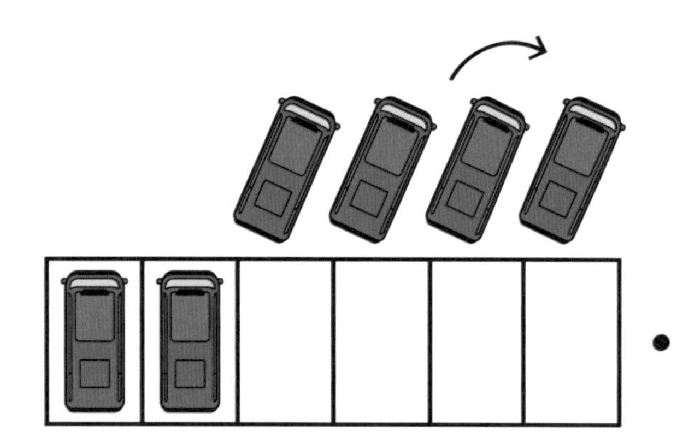

• • $6 - 4 = 2$

그림에 제시된 뺄셈 상황을 파악하여 알맞은 뺄셈식을 찾아봅니다. 차가 같은 여러 가지 뺄셈식을 찾는 활동은 추론 능력을 길러 줍니다.

그림을 보고 알맞은 뺄셈식을 색칠해 보세요.

$4 - 2 = 2$

$4 - 3 = 1$

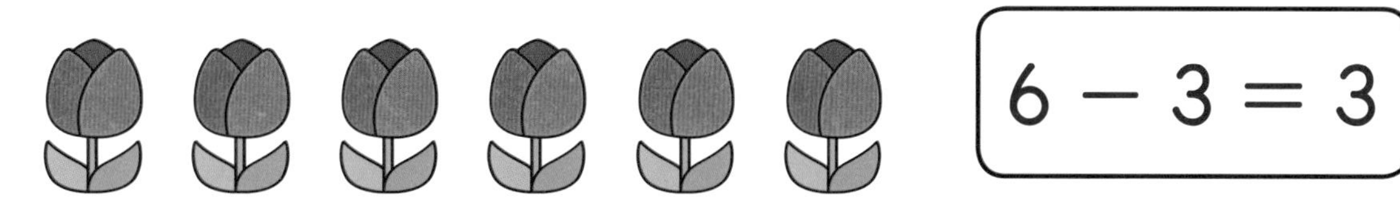

$6 - 3 = 3$

$6 - 4 = 2$

$7 - 3 = 4$

$8 - 3 = 5$

STEP 4

계산 결과가 주어진 수만큼인 뺄셈식을 찾아 모두 색칠해 보세요.

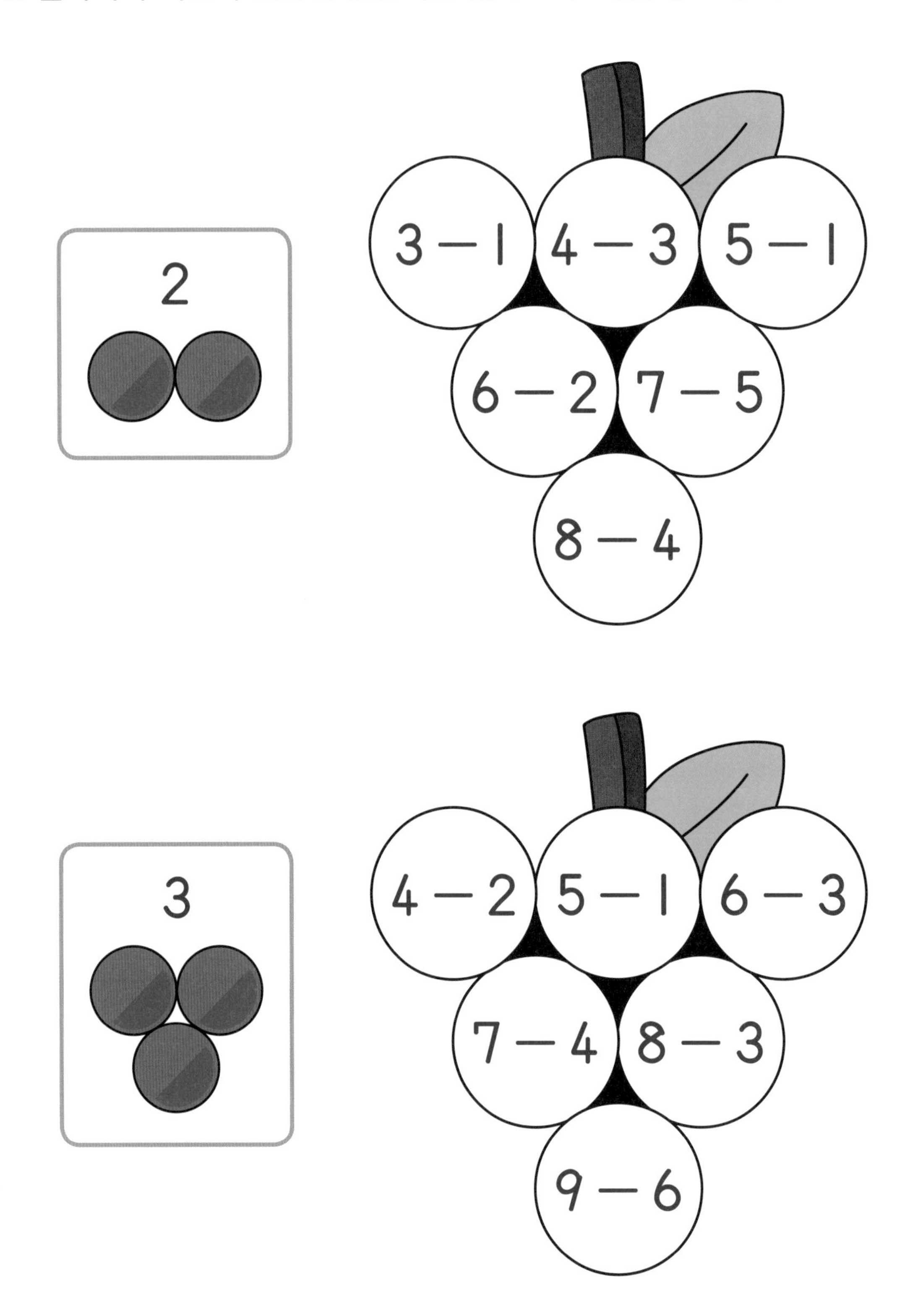

계산 결과가 1이 되는 뺄셈식을 따라 길을 그려 보세요.

네모를 그려요

점선을 따라 네모 모양을 그려 보세요.

점선을 따라 네모 모양을 그려 그림을 완성해 보세요.

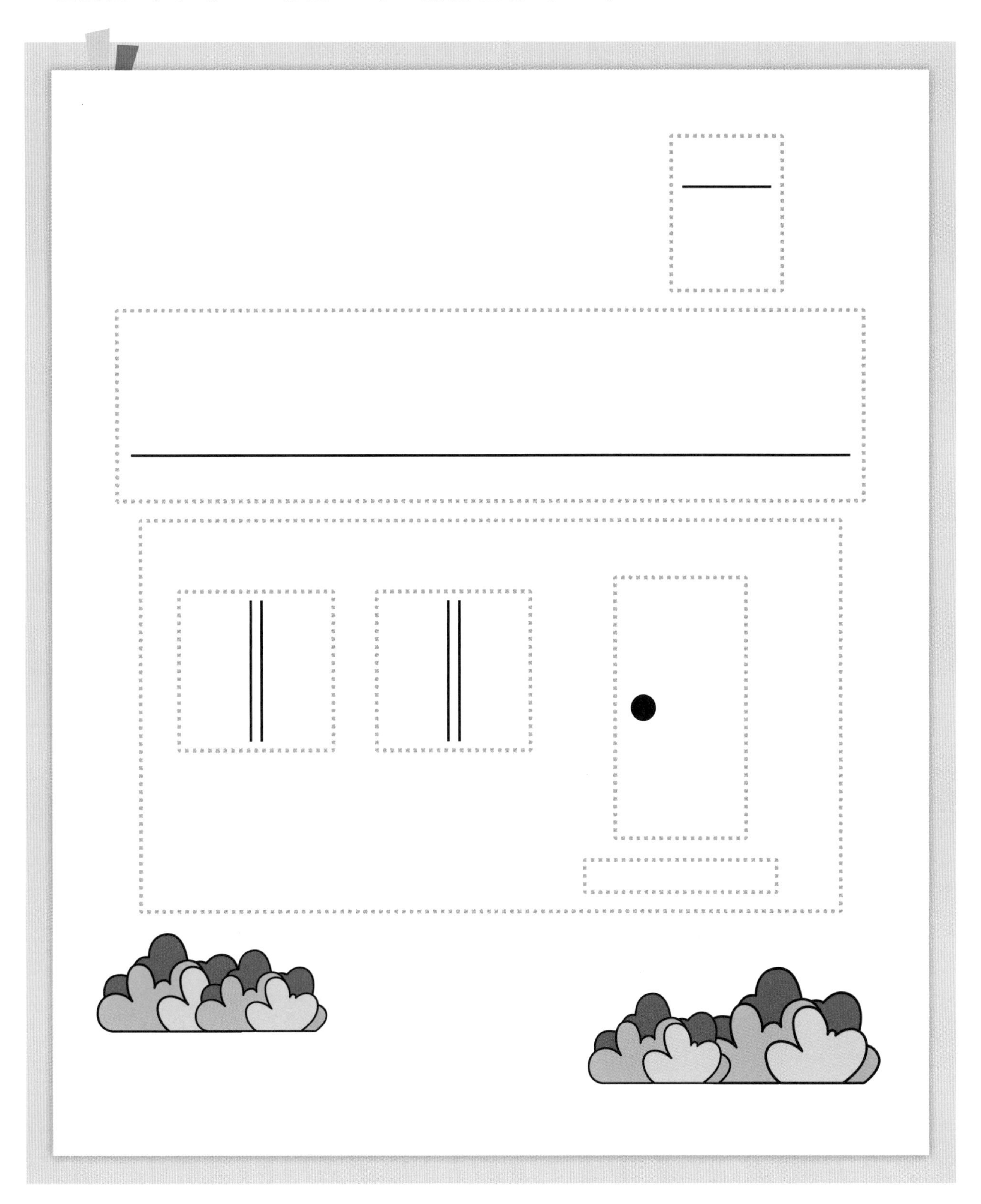

정답

정답

1. 1 큰 수, 1 작은 수

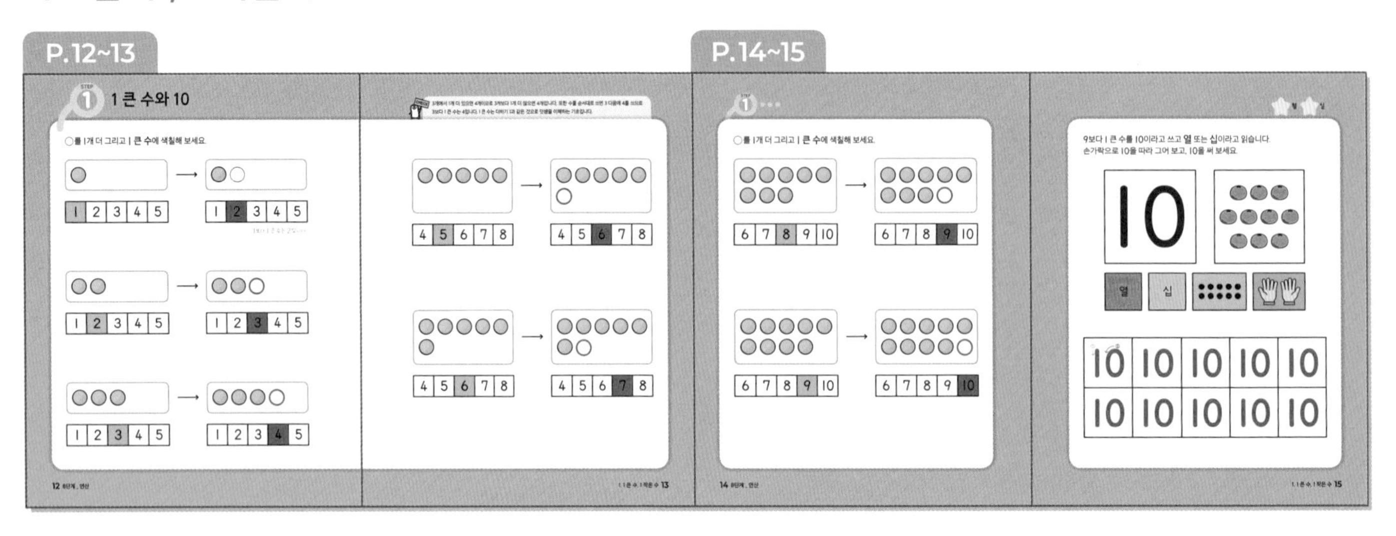

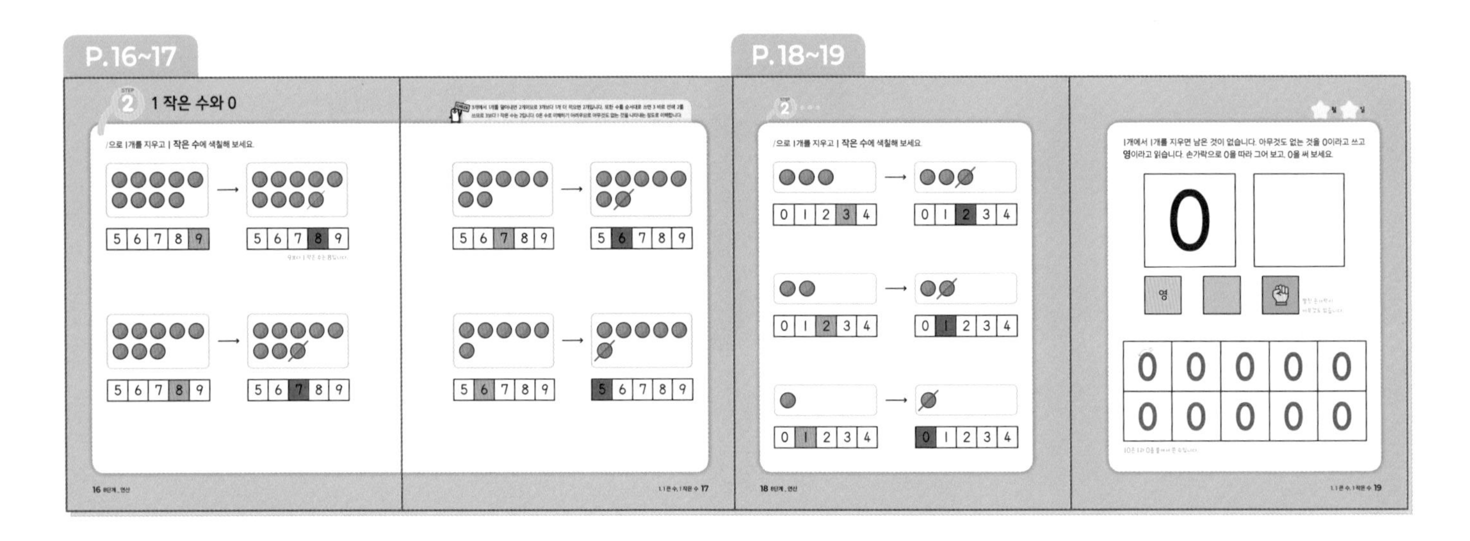

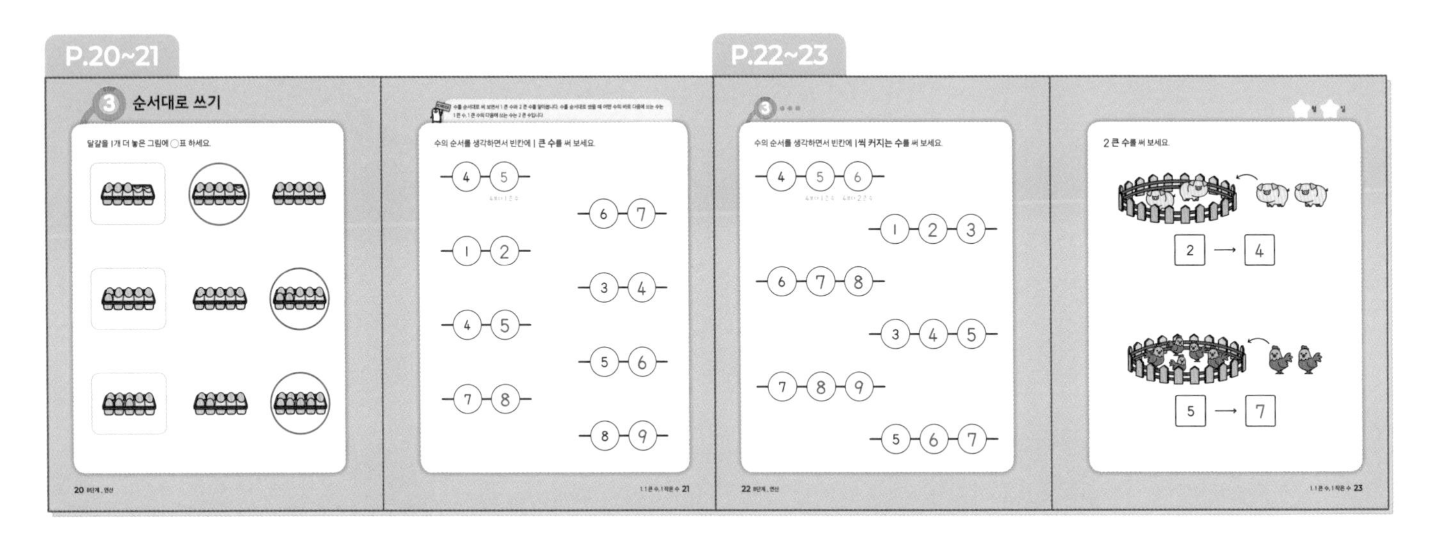

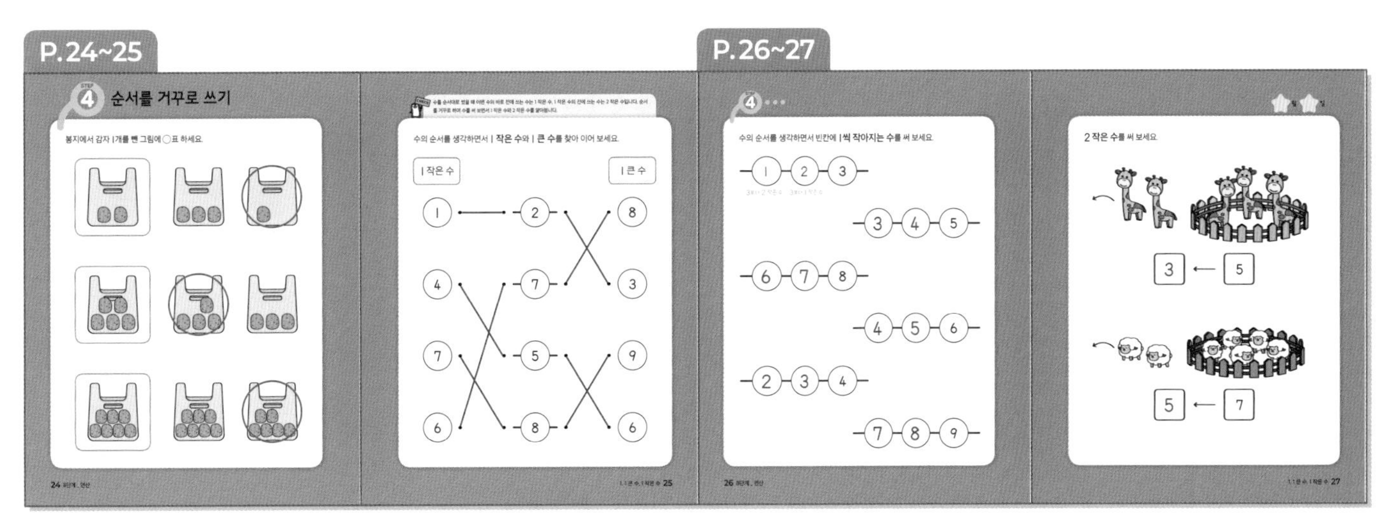

2. 더하기

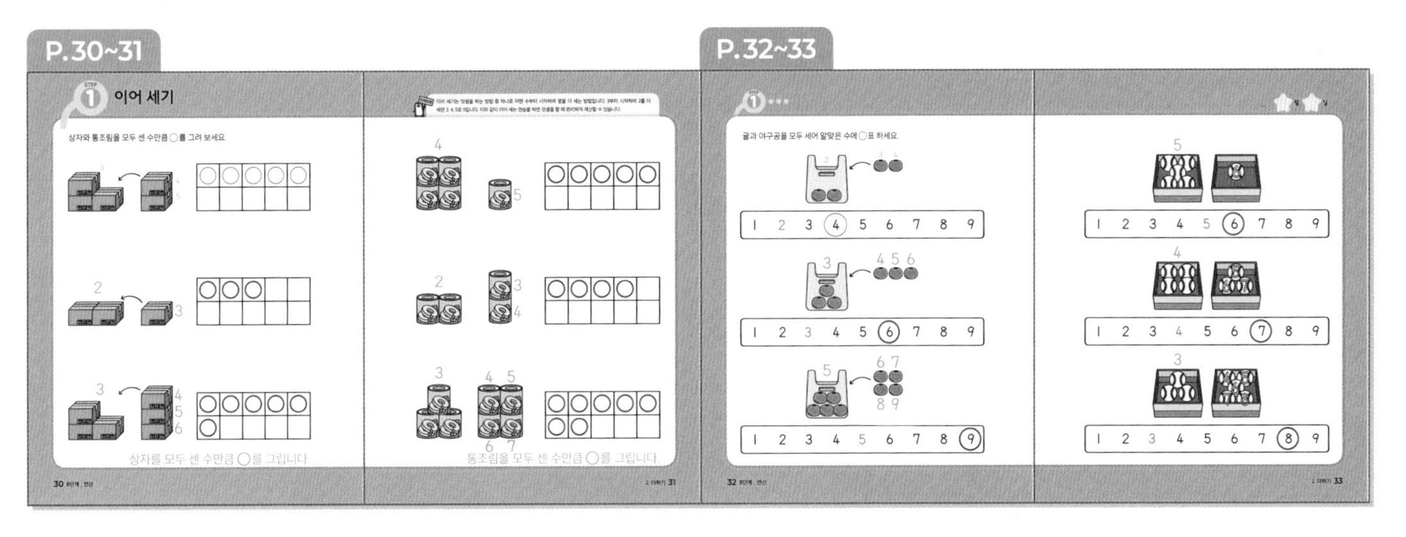

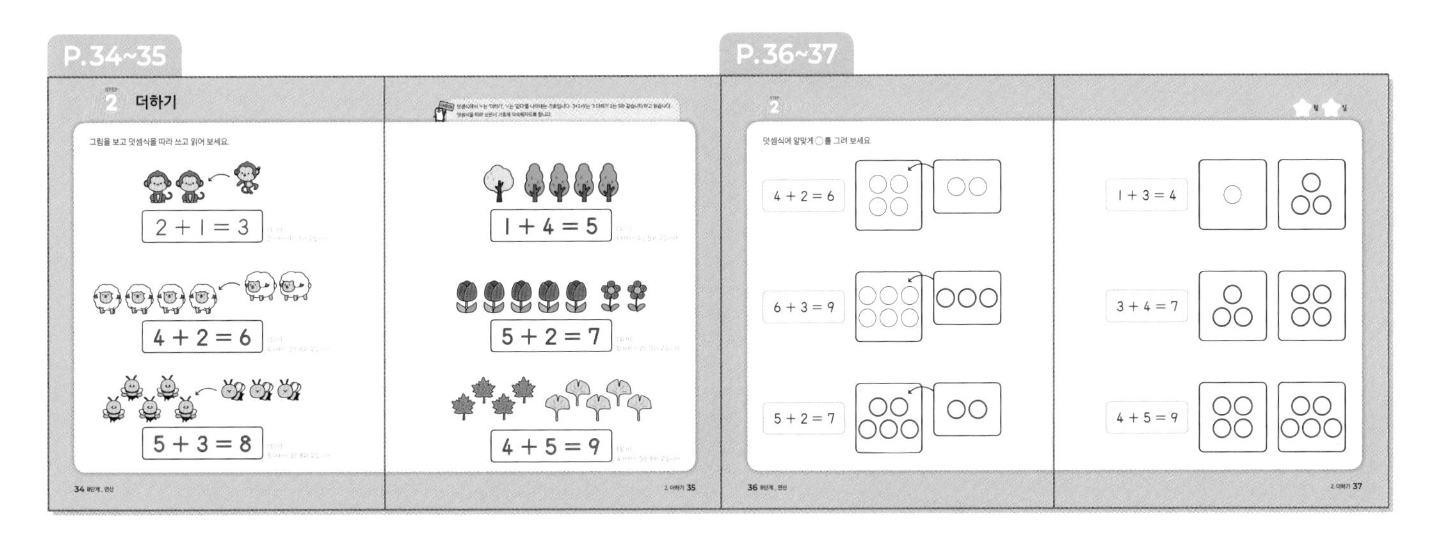

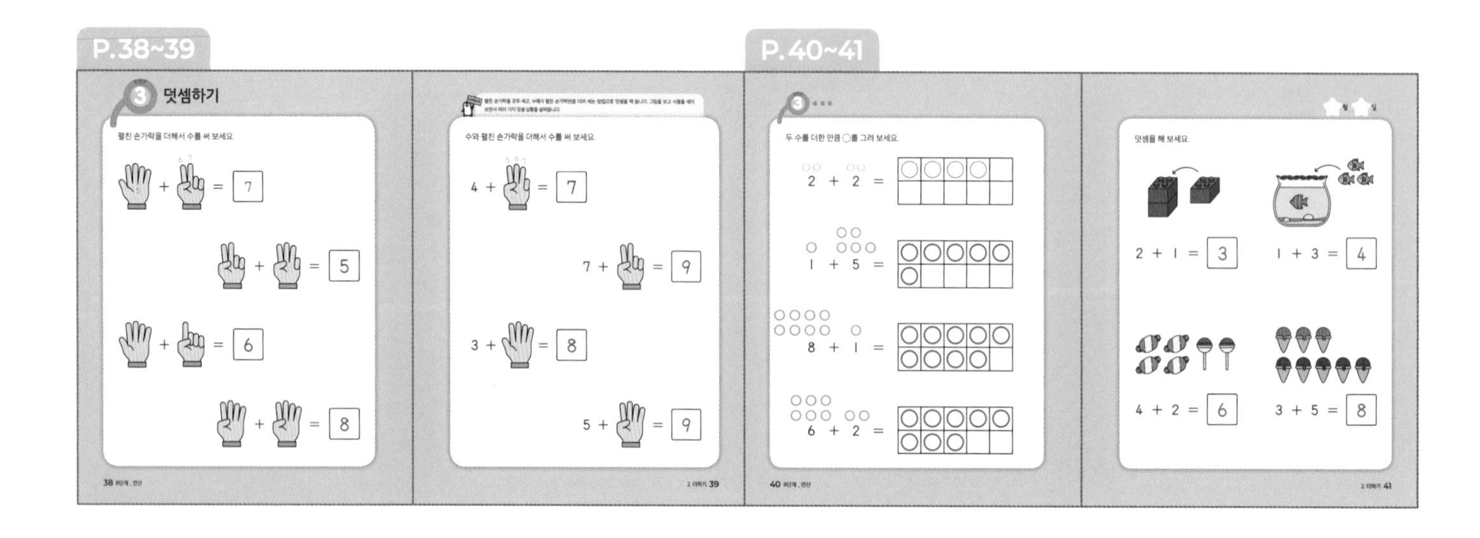
P.38~39

③ 덧셈하기

펼친 손가락을 더해서 수를 써 보세요.

+ = 7

+ = 5

+ = 6

+ = 8

수와 펼친 손가락을 더해서 수를 써 보세요.

4 + = 7

7 + = 9

3 + = 8

5 + = 9

P.40~41

두 수를 더한 만큼 ○를 그려 보세요.

2 + 2 =

1 + 5 =

8 + 1 =

6 + 2 =

덧셈을 해 보세요.

2 + 1 = 3

1 + 3 = 4

4 + 2 = 6

3 + 5 = 8

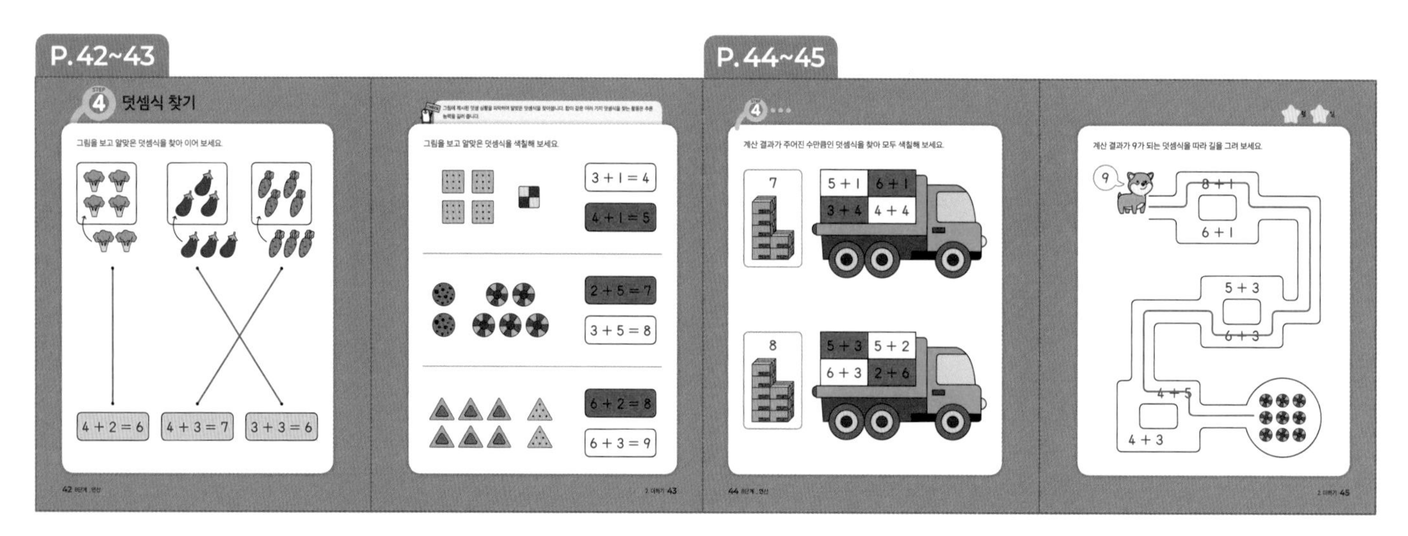
P.42~43

④ 덧셈식 찾기

그림을 보고 알맞은 덧셈식을 찾아 이어 보세요.

4 + 2 = 6

4 + 3 = 7

3 + 3 = 6

그림을 보고 알맞은 덧셈식을 색칠해 보세요.

3 + 1 = 4

4 + 1 = 5

2 + 5 = 7

3 + 5 = 8

6 + 2 = 8

6 + 3 = 9

P.44~45

계산 결과가 주어진 수만큼인 덧셈식을 찾아 모두 색칠해 보세요.

7

5 + 1 | 6 + 1

3 + 4 | 4 + 4

8

5 + 3 | 5 + 2

6 + 3 | 2 + 6

계산 결과가 9가 되는 덧셈식을 따라 길을 그려 보세요.

9

8 + 1

6 + 1

5 + 3

6 + 3

4 + 5

4 + 3

3. 빼기

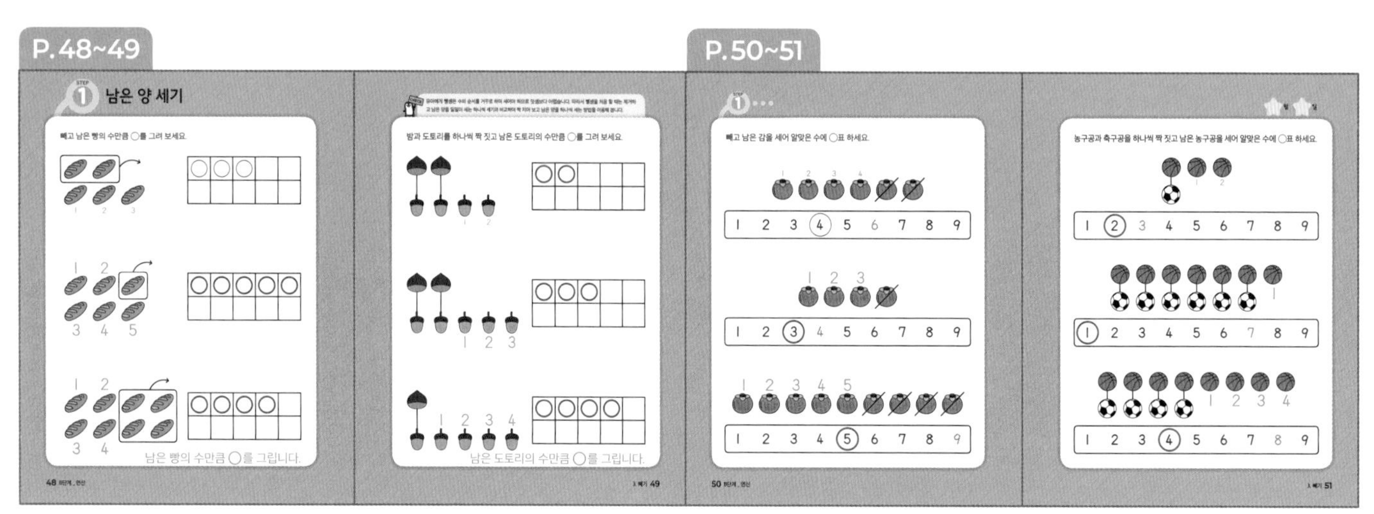
P.48~49

① 남은 양 세기

빼고 남은 빵의 수만큼 ○를 그려 보세요.

1 2 3

1 2 3 4 5

1 2 3 4

남은 빵의 수만큼 ○를 그립니다.

밤과 도토리를 하나씩 짝 짓고 남은 도토리의 수만큼 ○를 그려 보세요.

1 2

1 2 3

1 2 3 4

남은 도토리의 수만큼 ○를 그립니다.

P.50~51

빼고 남은 감을 세어 알맞은 수에 ○표 하세요.

1 2 3 ④ 5 6 7 8 9

1 2 ③ 4 5 6 7 8 9

1 2 3 4 ⑤ 6 7 8 9

농구공과 축구공을 하나씩 짝 짓고 남은 농구공을 세어 알맞은 수에 ○표 하세요.

1 ② 3 4 5 6 7 8 9

① 2 3 4 5 6 7 8 9

1 2 3 ④ 5 6 7 8 9

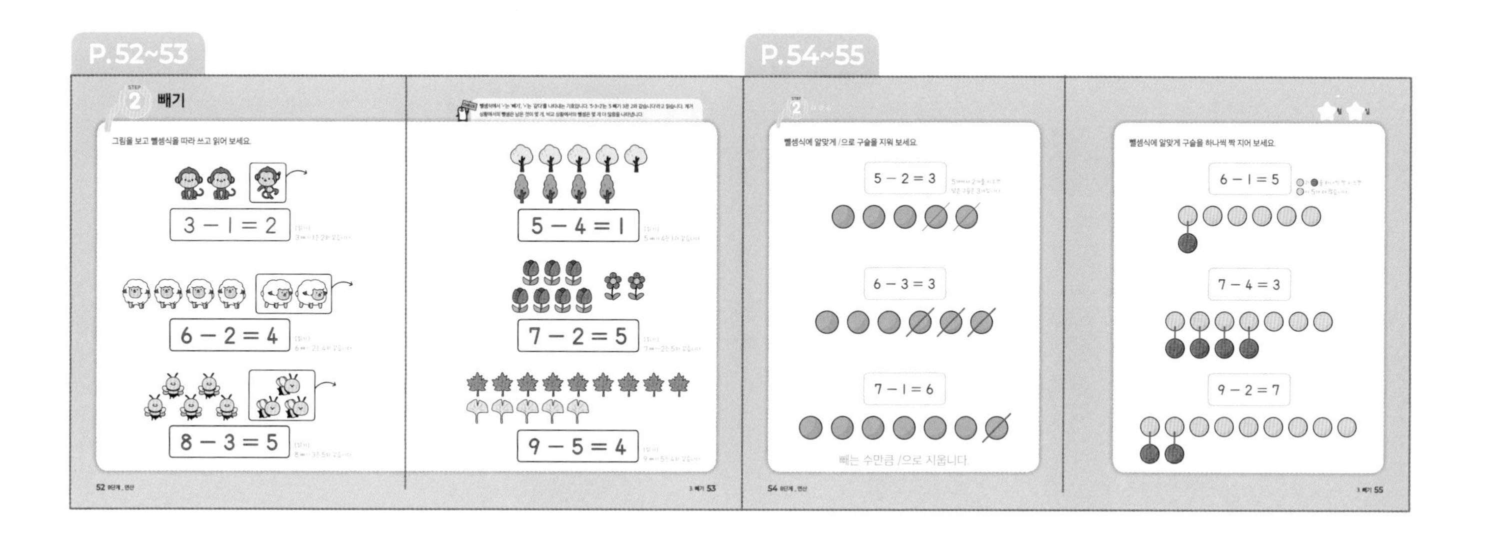

P.52~53

2 빼기

그림을 보고 뺄셈식을 따라 쓰고 읽어 보세요.

3 − 1 = 2

6 − 2 = 4

8 − 3 = 5

5 − 4 = 1

7 − 2 = 5

9 − 5 = 4

P.54~55

뺄셈식에 알맞게 /으로 구슬을 지워 보세요.

5 − 2 = 3

6 − 3 = 3

7 − 1 = 6

빼는 수만큼 /으로 지웁니다

뺄셈식에 알맞게 구슬을 하나씩 짝 지어 보세요.

6 − 1 = 5

7 − 4 = 3

9 − 2 = 7

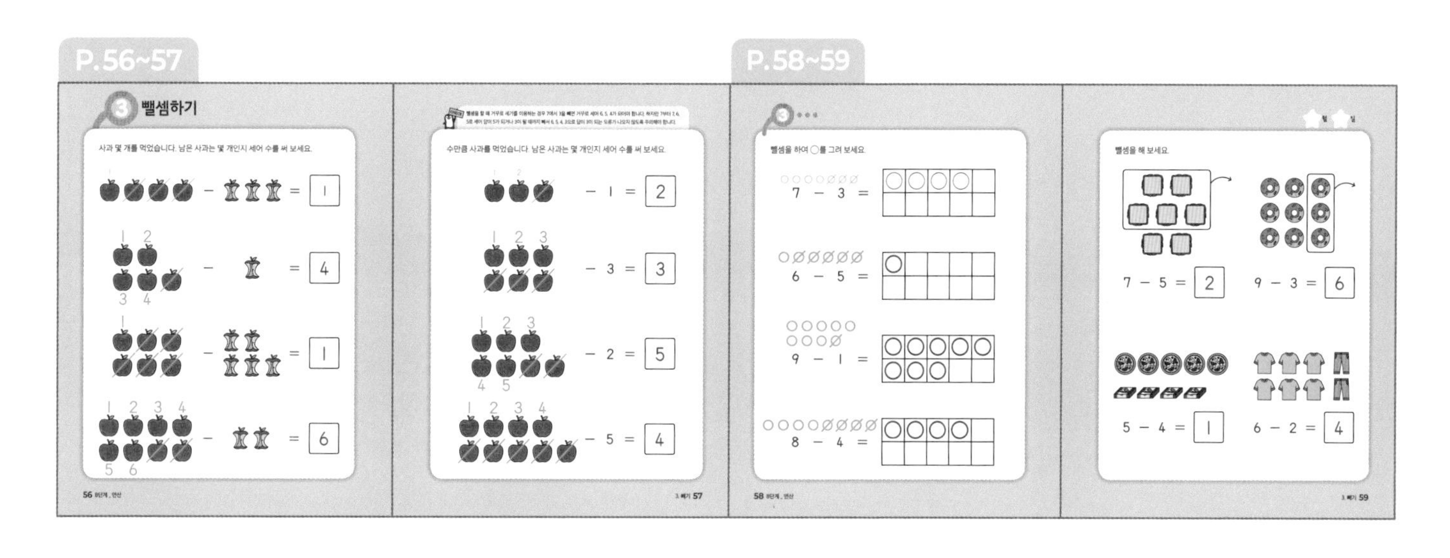

P.56~57

3 뺄셈하기

사과 몇 개를 먹었습니다. 남은 사과는 몇 개인지 세어 수를 써 보세요.

− = 1

− = 4

− = 1

− = 6

수만큼 사과를 먹었습니다. 남은 사과는 몇 개인지 세어 수를 써 보세요.

− 1 = 2

− 3 = 3

− 2 = 5

− 5 = 4

P.58~59

뺄셈을 하여 ○를 그려 보세요.

7 − 3 =

6 − 5 =

9 − 1 =

8 − 4 =

뺄셈을 해 보세요.

7 − 5 = 2

9 − 3 = 6

5 − 4 = 1

6 − 2 = 4

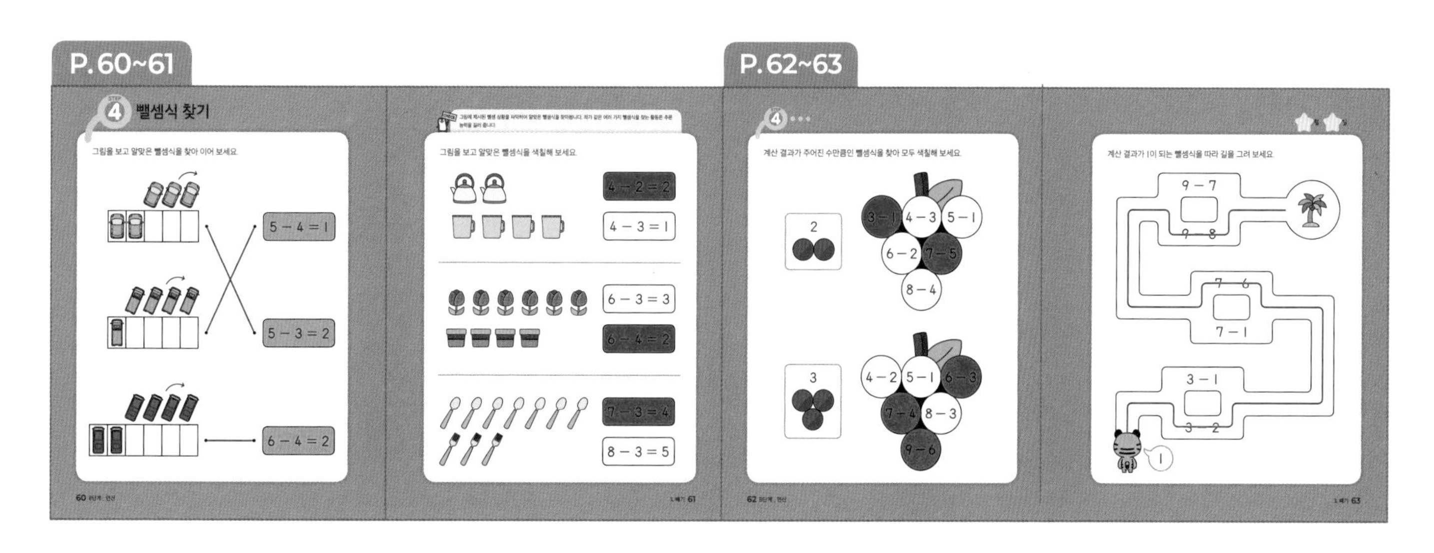

P.60~61

4 뺄셈식 찾기

그림을 보고 알맞은 뺄셈식을 찾아 이어 보세요.

5 − 4 = 1

5 − 3 = 2

6 − 4 = 2

그림을 보고 알맞은 뺄셈식을 색칠해 보세요.

4 − 2 = 2

4 − 3 = 1

6 − 3 = 3

6 − 4 = 2

7 − 3 = 4

8 − 3 = 5

P.62~63

계산 결과가 주어진 수만큼인 뺄셈식을 찾아 모두 색칠해 보세요.

2

3 − 1, 4 − 3, 5 − 1, 6 − 2, 7 − 5, 8 − 4

3

4 − 2, 5 − 1, 6 − 3, 7 − 4, 8 − 3, 9 − 6

계산 결과가 1이 되는 뺄셈식을 따라 길을 그려 보세요.

9 − 7

9 − 8

7 − 6

7 − 1

3 − 1

3 − 2

1